住房和城乡建设部建筑市场监管司课题

工程监理制度发展研究报告

中国建设监理协会　组织编写

中国建筑工业出版社

图书在版编目（CIP）数据

工程监理制度发展研究报告/中国建设监理协会组织编写．—北京：中国建筑工业出版社，2014.11
ISBN 978-7-112-17424-9

Ⅰ．①工… Ⅱ．①中… Ⅲ．①建筑工程-监理工作-研究报告-中国 Ⅳ．①TU712

中国版本图书馆 CIP 数据核字（2014）第 256353 号

责任编辑：费海玲　张幼平
责任设计：李志立
责任校对：姜小莲　刘　钰

住房和城乡建设部建筑市场监管司课题
工程监理制度发展研究报告
中国建设监理协会　组织编写

*

中国建筑工业出版社出版、发行（北京西郊百万庄）
各地新华书店、建筑书店经销
北京红光制版公司制版
北京同文印刷有限责任公司印刷

*

开本：787×1092 毫米　1/16　印张：7　字数：105 千字
2015 年 2 月第一版　2015 年 2 月第一次印刷
定价：45.00 元
ISBN 978-7-112-17424-9
（26222）

版权所有　翻印必究
如有印装质量问题，可寄本社退换
（邮政编码 100037）

前　言

工程监理制度自1988年开始试行以来，在我国工程建设管理中发挥了重要作用。经过20多年的不断发展，工程监理制与项目法人责任制、招标投标制和合同管理制共同作用、相互促进，已成为我国工程建设管理的基本制度。

为了进一步促进工程监理制度持续健康发展，更好地适应我国经济体制及行政管理体制改革需求，受住房和城乡建设部建筑市场监管司委托，中国建设监理协会组织有关高等院校、工程监理企业的专家组成课题组，进行了"工程监理制度发展研究"。课题组经过深入调查分析和多次讨论修改，最终形成《工程监理制度发展研究》课题报告。

课题研究报告共分六部分内容，即绪论，工程监理制度发展回顾，工程监理与国际工程咨询的比较分析，工程监理制度实施中存在的主要问题及原因，工程监理制度发展目标、指导思想及政策措施建议，结论。

（1）绪论。主要阐述了课题研究目的和意义、研究思路及课题报告形成过程。

（2）工程监理制度发展回顾。主要分析了工程监理制度的建立背景及最初设想、工程监理制度发展历程（分试点、稳步发展和全面推行三个阶段）、工程监理制度发展现状，以及实施工程监理制度取得的重大成就。

（3）工程监理与国际工程咨询的比较分析。在分析国际工程咨询模式的基础上，着重从制度设立、法律体系、市场体系、企业规模与实力、工作方式与手段、个人知识结构与能力等方面比较分析了我国工程监理与国际工程咨询的差异。

（4）工程监理制度实施中存在的主要问题及原因。主要从工程监理的定位和职责、工程监理队伍、工程监理行业结构、工程监理市场行为等方面分析了工程监理制度实施中存在的主要问题；并从工程监理法规及标准体系、工程监理监管体系、工程监理资质资格制度、工程监理企业核心竞争力、工程监理诚信体系建设等方面深入剖析了存在问题的主要原因。

（5）工程监理制度发展目标、指导思想及政策措施建议。结合当前建筑市场发展形势及行政体制改革需求，提出了今后一段时期我国工程监理制度发展目标和指导思想；针对目前存在的主要问题，从完善法规及标准体系、改革执业资格制度、提升企业核心竞争力、加强诚信体系建设、发挥行业协会作用等方面提出了政策措施建议。

（6）结论。概括了课题研究的主要成果，特别是主要政策措施建议。

课题组成员如下：

修　璐　中国建设监理协会副会长兼秘书长、博士、研究员

刘伊生　北京交通大学工程管理系主任、教授、博士生导师

杨卫东　上海同济工程咨询有限公司总经理、教授级高工

王家远　深圳大学建设监理研究所所长、教授

陈建国　同济大学工程管理研究所所长、教授、博士生导师

竹隰生　重庆大学建设管理与房地产学院副院长、副教授

雷开贵　重庆市建设监理协会会长、研究员级高工

宋德鹏　中国石油化工股份有限公司办公室主任

邓念元　四川二滩国际工程咨询有限公司总工程师

梁士毅　上海现代工程咨询有限公司教授级高工

庞　政　中国建设监理协会行业发展部主任、高工

张　竞　中国建设监理协会联络部主任

课题研究过程中，还得到有关领导和行业内专家以及重庆联盛建设项目管

理有限公司、上海现代工程咨询有限公司等企业的大力支持，在此表示衷心感谢！

课题组全体成员

2014 年 6 月

目 录

前言
一、绪论 ·· 1
  （一）研究目的和意义 ·· 1
    1. 研究目的 ·· 1
    2. 研究意义 ·· 2
  （二）研究思路及报告形成过程 ·· 3
    1. 研究思路 ·· 3
    2. 研究报告形成过程 ··· 3
二、工程监理制度发展回顾 ·· 6
  （一）工程监理制度的建立背景及设想 ··································· 6
    1. 工程监理制度的建立背景 ·· 6
    2. 工程监理制度的最初构想和设计 ··································· 9
  （二）工程监理制度发展历程 ·· 11
    1. 试点阶段（1988～1992年）·· 11
    2. 稳步发展阶段（1993～1995年）·································· 13
    3. 全面推行阶段（1996年开始）····································· 14
  （三）工程监理制度发展现状 ·· 18
    1. 工程监理法律法规及标准建设状况 ······························ 18
    2. 政府对工程监理的监管状况 ······································· 22
    3. 工程监理企业发展状况 ··· 24
    4. 工程监理从业人员状况 ··· 31

（四）实施工程监理制度取得的重大成就 ································· 33
　　1. 推进了我国工程建设组织实施方式的改革 ······················· 34
　　2. 加强了建设工程质量和安全生产管理 ···························· 34
　　3. 保证了建设工程投资效益的发挥 ································· 34
　　4. 促进工程建设管理的专业化、社会化发展 ······················· 35
　　5. 推进了我国工程管理的国际化 ···································· 35
三、工程监理与国际工程咨询的比较分析 ···································· 36
　（一）国际工程咨询模式 ··· 36
　　1. FIDIC 咨询模式 ··· 36
　　2. 发达国家和地区工程咨询特点 ···································· 40
　（二）我国工程监理与国际工程咨询的差异 ····························· 53
　　1. 工程监理制度设立 ·· 54
　　2. 工程监理法律体系 ·· 57
　　3. 工程监理市场体系 ·· 58
　　4. 工程监理企业规模与实力 ··· 61
　　5. 咨询（监理）机构工作方式与手段 ······························· 62
　　6. 监理工程师的知识结构与能力 ···································· 64
四、工程监理制度实施中存在的主要问题及原因 ··························· 66
　（一）工程监理制度实施中存在的主要问题 ····························· 66
　　1. 工程监理的定位和职责不够明确 ································· 66
　　2. 工程监理队伍不能满足监理工作需求 ··························· 71
　　3. 工程监理行业结构不合理 ··· 74
　　4. 工程监理市场行为有待规范 ······································ 75
　（二）工程监理制度实施中存在问题的原因分析 ······················· 77
　　1. 工程监理法规及标准体系不够完善 ······························ 77
　　2. 工程监理监管体系不够健全 ······································ 79
　　3. 工程监理资质资格制度有待改革 ································· 80

  4. 工程监理单位核心竞争力有待提升 …………………………… 82

  5. 工程监理诚信体系建设亟待加强 ……………………………… 84

五、工程监理制度发展目标、指导思想及政策措施建议 …………… 86

 （一）发展目标 ………………………………………………………… 86

  1. 准确定位工程监理，推进工程监理行业和企业的转型升级 … 87

  2. 完善市场管理制度，为工程监理持续健康发展创造良好环境 … 87

 （二）指导思想 ………………………………………………………… 88

 （三）政策措施建议 …………………………………………………… 89

  1. 深化行政管理体制改革对行业发展的影响研究，积极稳妥推进行业管理制度改革 … 89

  2. 完善法律法规及标准体系，推进工程监理法制化、标准化建设 … 89

  3. 改革执业资格制度，加强工程监理人才队伍建设 …………… 91

  4. 提升企业核心竞争力，推进工程监理企业专业化和转型发展 … 92

  5. 加强诚信体系建设，健全工程监理监管体系 ………………… 96

  6. 发挥行业协会作用，推进工程监理行业健康发展 …………… 98

六、结论 ………………………………………………………………… 100

一、绪　　论

（一）研究目的和意义

工程监理制度作为我国工程建设管理的一项重要制度，自 1988 年开始试行以来，至今已经历 25 年多。1998 年 3 月 1 日开始实施的《中华人民共和国建筑法》及随后颁布实施的《建设工程质量管理条例》、《建设工程安全生产管理条例》等法律法规，以及工程监理部门规章与相关政策，明确了工程监理的法律地位和相关单位的职责，为工程监理制度的有效实行提供了良好的法律法规及政策环境。25 年多来的工程监理实践证明，工程监理制度在我国工程建设管理中发挥了重要作用，在保证工程质量、加强安全生产管理、提高投资效益等方面取得了显著成效。

但毋庸置疑，面对新的经济发展形势和时代要求，我国工程监理制度尚有许多问题亟待解决。为全面分析我国工程监理制度实施现状，深入剖析工程监理制度实施中存在的问题及原因，并借鉴国外工程咨询实施经验，提出促进我国工程监理制度持续健康发展的政策及措施建议，受住房和城乡建设部建筑市场监管司委托，中国建设监理协会组织有关高等院校、工程监理企业的专家研究本课题。

1. 研究目的

本课题研究目的如下：

（1）全面梳理、总结我国工程监理制度的发展历程和现状，为深入剖析我国工程监理制度实施中存在的问题奠定基础。

（2）分析比较我国工程监理制度与国际工程咨询模式的异同，为进一步完善我国工程监理制度提供借鉴。

（3）深入剖析我国工程监理制度实施中存在的主要问题及原因，找出影响我国工程监理制度持续健康发展的主要因素。

（4）提出促进我国工程监理制度持续健康发展的政策及措施建议，为政府有关部门制定相关政策提供参考。

2. 研究意义

今后一段时期，随着我国国民经济的稳步发展、城镇化进程的加快推进，工程建设投资还将保持较大规模，民生工程、基础设施、生态环境建设任务仍然繁重而艰巨。与此同时，工程技术难度越来越大，工艺技术要求越来越精，工程质量要求越来越高，工程服务范围也在不断拓展，对工程监理企业能力和工程监理人员素质提出了更高要求。研究工程监理制度发展，对于健全工程监理制度、推动工程监理事业科学发展有着十分重要的意义。

（1）研究工程监理制度发展，有利于促进工程监理定位和职责的明确。尽管《建筑法》、《建设工程质量管理条例》、《建设工程安全生产管理条例》等法律法规明确了工程监理的法律地位和相关职责，但工程建设各方主体及社会各界对工程监理的理解依然不尽一致，对工程监理的定位和职责还存在模糊认识。现行法律法规及标准对工程监理工作的范围和深度，尤其对施工安全的监理责任界定等规定得不够详细，各地、各行业在实际操作中掌握标准也不够一致。本课题研究，将进一步明确工程监理的定位和职责，为完善我国工程监理法律法规、政策及标准提供参考。

（2）研究工程监理制度发展，有利于促进监理工程师执业资格制度的完善。目前，我国工程监理队伍在数量及素质方面均不能充分满足工程监理实际工作需求。为了吸引和选拔大量优秀人才进入工程监理行业，需要尽快改革全国监理工程师执业资格考试制度；为了培养工程监理人才，提高工程监理队伍素质，需要通过多种渠道、采取多种方式培训工程监理从业人员。本课题研究，将为全国监理工程师执业资格考试制度、工程监理人才队伍培养模式的改革和完善提出建议。

(3) 研究工程监理制度发展，有利于促进工程监理企业核心竞争力的提升。目前，多数工程监理企业的研发投入不足、创新能力不强、现场检测设备缺乏，信息化管理水平不高，同质化竞争严重，运用科学的监理方法和手段的能力不足。本课题研究，将为提升工程监理企业核心竞争力、促进工程监理企业转型升级提出建议。

(4) 研究工程监理制度发展，有利于促进工程监理市场行为的规范。受工程监理法规标准、市场监管、人员素质、诚信体系等诸多因素的影响，工程监理市场恶性竞争比较严重，有的工程监理职责履行不到位，在很大程度上影响了工程监理效果，也对工程监理制度造成了不良影响。本课题研究，将对完善工程监理法规标准、市场监管体系、诚信体系建设等提出建议，从而促进工程监理市场行为的规范。

(二) 研究思路及报告形成过程

1. 研究思路

课题将按照"梳理总结、参考借鉴、深入剖析、提出建议"的基本思路完成研究任务。课题研究思路如图 1-1 所示。

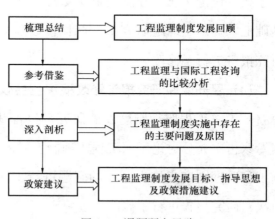

图 1-1 课题研究思路

2. 研究报告形成过程

中国建设监理协会高度重视课题研究，自 2013 年初住房和城乡建设部建筑市场监管司明确由中国建设监理协会承担本课题后，中国建设监理协会即组织成立了由北京交通大学、上海同济工程咨询有限公司、重庆联盛建设项目管理有限公司、中国石油化工股份有限公司、同济大学、深圳大学、重庆大学等单位专家组成的课题组，并于2013年5月发布《关于开展〈工程监理制度发展研究〉课题工作的通知》（中建监协〔2013〕24号），向课题组各位专家征集课题研究提纲。

(1) 确定课题研究提纲。 2013年7月3日，中国建设监理协会召开《工程监理制度发展研究》课题工作会，14位专家参加会议，住房和城乡建设部建筑市场监管司工程咨询监理处商丽萍处长和课题分管人马丛同志出席会议并讲话。

会议围绕我国工程监理制度的建立和发展，对《工程监理制度发展研究》课题内容进行了深入细致讨论，明确了课题研究大纲，并确定了课题专家组织机构、研究工作分工和进度计划。

(2) 进行课题调研及撰写研究报告。 2013年7~8月，课题组专家按照研究工作分工和进度计划，分别在大量调查研究的基础上撰写研究报告初稿，经汇总整理后形成《工程监理制度发展研究》报告（初稿）。

(3) 召开课题研究报告初稿审查会议。 2013年9月10~11日，课题组在重庆召开了《工程监理制度发展研究》报告（初稿）审查工作会。会上，课题组专家充分讨论了《工程监理制度发展研究》报告（初稿），在进一步统一思想的基础上，提出了课题研究报告初稿修改建议。会后，各位专家按照分工分头对研究报告进行了修改。

(4) 召开课题研究报告修改稿审查会议。 2013年10月15日，课题组在上海召开了《工程监理制度发展研究》报告（修改稿）审查工作会。会上，课题组专家再次充分讨论了《工程监理制度发展研究》报告（修改稿），特别是对目前工程监理制度实施中存在的问题进行了深入讨论。会后，各位专家按照分工再次对研究报告进行了修改。

(5) 组织专家进一步完善课题研究报告。 2014年1月，课题组在上海召开的中国建设监理协会常务理事会上报告了课题主要研究内容，征求了参会代表意见。2014年2月至3月，中国建设监理协会又在定向征求各行业分会及专家意见和建议的基础上，进一步修改完善了课题研究报告。

(6) 根据建筑业改革与发展形势完善课题研究报告。 2014年5月，根据住房和城乡建设部市场监管司领导指示及建筑业改革与发展形势，中国建设监理协会再次组织有关专家和课题组主要成员修改和完善了课题研究报告。

二、工程监理制度发展回顾

20世纪80年代中后期，伴随着改革开放的不断推进和深化，我国工程建设领域诞生了一项新的管理制度——工程监理制度。25年多的实践证明，工程监理制度的实施，适应了社会主义市场经济发展和改革开放的要求，加快了我国工程建设管理方式向社会化、专业化方向转变的步伐，建立了工程建设各方主体之间相互协作、相互制约、相互促进的工程建设管理运行机制，完善了我国工程建设管理体制，促进了工程建设管理水平和投资效益的提高。

（一）工程监理制度的建立背景及设想

1. 工程监理制度的建立背景

特有的历史背景和现实的客观环境是我国工程监理制度产生并不断推进的重要动因，解决传统管理模式的弊端、适应经济体制改革及对外开放的需求是建立工程监理制度的基本背景。

（1）计划经济体制下工程建设传统管理方式的弊端。 改革开放前，我国的基本建设活动基本上是按照计划经济的模式进行的，即由国家统一安排建设项目计划、统一财政拨款、统一安排施工队伍等。当时，工程建设管理通常采用两种形式：对于一般建设工程，由建设单位自己组成基建管理机构，自行管理；对于重大建设工程，一般由政府组建工程建设指挥部（建设管理机构），或从与该工程相关的单位抽调人员组成工程建设指挥部，由工程建设指挥部进行管理，当工程建成投入使用后，原有的工程建设指挥部就会解散。不容否认，这种体制在集中我国有限的财力、物力和人力进行经济建设，建立我国的工业体系和国民经济体系中起到了一定的积极作用。然而，由于建设管理机构多为临时机构，无须承担经济风险，相当一部分管理人员不具备工程建设管理的知识和经验，造成建设工程管理水平长期在低水平徘徊，概算超估算、预算超概算、决算超预算、工程不能按期交付使用等现象比较普遍。

随着建设规模的不断扩大，建设项目越来越多，传统的工程建设管理制度已越来越不能适应现代生产的要求。由于工程建设指挥部的主要负责人多为各部门或者当地的党政负责人，筹建班子成员中不少人员不懂技术和经济管理，工作方式靠行政命令。这种既缺乏专业人才又缺乏科学管理的做法，使得我国工程建设水平难以提高，浪费严重，加上粗放的宏观管理和投资分配上的大锅饭，使各部门、各地区不顾客观条件的许可，一味抢投资、争项目，建设战线越拉越长，在我国各项资源要素紧缺的情况下，更增加了工程建设管理的难度，一时出现了"工期马拉松、投资无底洞、质量难保证"的现象。虽然国家多次压缩基建规模，清理在建项目，但投资效益不高的问题长期未得到很好的解决。这些问题的出现，早已引起社会各方及相关部门的关注。

(2) 经济体制改革及市场经济条件下工程建设管理的要求。 20 世纪 80 年代后期，党的十一届三中全会通过了《中共中央关于经济体制改革的决定》，阐明了改革的必要性和紧迫性，规定了改革的方向、性质、任务和各项基本方针政策，标志着我国开始了由计划经济向社会主义市场经济转轨的进程。进入改革开放的新时期，国务院决定在工程建设领域实行投资有偿使用、投资主体多元化、投资包干责任制及工程招标投标制等一系列重大的改革措施，工程建设领域迎来了一个新的时期。但与此同时，新情况、新问题也层出不穷，如工程建设投资规模大，工程项目规模大、技术要求高，施工队伍迅速扩大而工程管理水平和从业人员总体素质普遍下降，工程质量出现滑坡，腐败现象滋生等。面对这样的现实，从国务院到地方政府，都在深刻思考并高度关注基本建设管理体制的改革问题，传统的工程建设管理方式已难以适应我国市场经济的发展和改革开放的要求，变革传统的工程建设管理方式已势在必行。

1985年，国务院领导同志在全国基本建设管理体制改革会议上指出，综合管理基本建设是一项专门的学问，需要一大批这方面的专门机构和专门人才。过去这个工作分散在很多部门去做，有的是在工厂，有的是在建设单位的筹建处，有的是在组建的工程建设指挥部，但工程建设一结束，如果没有续建项目，这些人就会解散，管理经验积累不起来。要使建设管理工作走上科学管理的道路，不发展专门从事组织管理工程建设的行业是不行的。国务院领导的指示，揭开了工程建设管理体制改革的新篇章。通过对我国几十年工程建设管理实践的经验总结，考察了国外工程建设管理制度与管理方法，我们认识到建设单位的工程项目管理是一项专门的学问，建设单位的工程项目管理应当走科学化道路。在借鉴国外先进的工程项目管理经验的基础上，原建设部在1988年分别颁发了《关于开展建设监理工作的通知》（[88]建建字第142号）和《关于开展建设监理试点工作的若干意见》（1988年11月28日），明确提出要建立建设工程监理制度，并选择在北京、上海、天津、南京、宁波、沈阳、哈尔滨、深圳八市和能源、交通两部的水电和公路系统进行试点，组建专业化和社会化的建设监理机构，帮助建设单位科学管理建设项目，以提高建设项目的投资效益和建设水平。

(3) 对外开放和外部因素对工程建设管理的影响。工程监理（在国外属于工程咨询、工程顾问或者工程管理的范畴）是市场经济的产物。早在19世纪，欧美一些经济比较发达的国家，已普遍实行了这种模式。特别是第二次世界大战后，随着经济的恢复和发展，这种模式不仅在理论上有新的突破，在方法上更加完善和科学，逐步形成一门新的管理学科，在欧美等工业发达国家和地区普遍实施，成为国际通行做法。世界银行、亚洲开发银行等国际金融机构为保障资金使用安全，提高贷款使用的质量和效益，将实行工程建设中咨询工程师模式作为对发展中国家提供建设贷款的条件之一。特别是世界银行贷款的建设工程，都要按照世界银行的规定，按照FIDIC（国际咨询工程师联合会）合同条件进行工程管理。FIDIC合同条件的基本出发点就是采用以（咨询）工程师为核心的管理模式。1982年开工建设的鲁布革水电站引水工程，是我国利用世界银行贷款的第一个工程项目,按照国际惯例要求,在中国内地首次设置了工程师机构,实施(咨询)工程师管理模式。事实证明,鲁布革水电站引水工程引进的(咨询)工程师管理模式产生了明显的经济效益,这在我国工程建设界引起了巨大轰动。1986 年开工建设的西安至三元高速公路实施(咨询)工程师管理模式,此后的京津塘高速公路工程也实施了(咨询)工程师管理模式,都在工程项目管理及质量方面取得了突出成绩,赢得了国内外广泛好评。这些工程项目的实施,使(咨询)工程师管理模式逐步为我国工程建设界所了解和认同。

随着对外开放的不断扩大,越来越多的境外投资者进入我国建筑市场,与此同时,我国建筑企业也积极参与国际工程承包市场的竞争之中。进入国际建筑市场,必然要遵循国际建筑市场规则,符合国际建筑市场惯例。工程监理制度是我国工程建设领域引进和学习国外先进工程管理模式的结果,它的创立和推行,能够改变长期以来我国工程建设领域自筹、自建、自管的传统管理模式,促使建设工程管理向社会化、专业化、现代化和多样化方向发展,推动我国建设工程管理方式与国际通行做法的接轨,以满足进入国际建筑市场的需要,这是我国逐步融入国际经济体系的必由之路。

工程监理制实施以来,在工程建设领域发挥了巨大作用。1998 年 3 月 1 日《中华人民共和国建筑法》以法律制度形式作出明确规定,国家推行工程监理制度,工程监理制度逐步走向法制化轨道。

2. 工程监理制度的最初构想和设计

工程监理制度的实行是我国工程建设领域管理体制的一次重大改革,它引导和促进建设单位的工程项目管理逐步走上专业化、社会化道路。与发达国家不同,我国的工程监理制度不是直接产生的,而是移植引入的。出于对传统工程建设管理体制的反思、改革开放活动的推动、建筑市场治理整顿的需求,1988 年原建设部在"八市二部"进行试点,自 1996 年在工程建设领域全面推行。

1988 年 7 月 25 日,原建设部发布的《关于开展建设监理工作的通知》明确指出:"工程监理的内容可以是全过程的,也可以是勘察、设计、施工、设备制造等的某个阶段。监理的依据主要是工程合同和国家方针、政策及技术、经济法规。一个建设项目,可以委托一个监理组织实施监理,也可以委托几个监理组织进行监理。"从当时的规定可以看出,我国建立工程监理制度的初衷是对工程建设前期投资决策阶段和建设实施阶段实施全过程、全方位的监理,即从项目决策阶段的可行性研究开始,到设计阶段、招投标阶段、施工阶段和工程保修阶段都实行监理。项目决策阶段的监理是力求避免决策失误,力求决策优化;项目实施阶段的监理是要确保项目目标最佳地实现。这种构想和设计在原建设部1988年印发的《关于开展建设监理试点工作的若干意见》及1989年颁布的《建设监理试行规定》([89]建建字第367号)中得到明确。

工程监理制度讨论初始,有人提出工程监理是:①对投资行为进行监督和管理;②对国民经济投资方向进行监督和管理;③对建设项目进行监督和管理。其后,对工程监理的定位是:对建设项目进行监督和管理,其中主要的一点是工程监理单位应当代表业主的利益对建设工程的设计和施工活动进行监督,而不是监督业主。1988年8月13日,在北京召开的第一次全国监理工作会议上对相关问题进行了深入讨论:工程监理单位是代表业主的利益,对建设活动决策阶段和实施阶段进行全过程、全方位监督,而不是对业主进行监督;工程监理应以国际项目管理的标准来定位;可参考FIDIC的有关文本进行全方位、全过程的"三控制、两管理、一协调",即质量控制、进度控制、费用控制、合同管理、信息管理和组织协调。1989年7月28日发布的《建设监理试行规定》明确,建设监理包括两个层次,即政府监理和社会监理。政府监理是指政府建设主管部门对建设单位的建设行为实施强制性监理和对社会监理单位实行监督管理;社会监理是指社会监理单位受建设单位的委托,对工程建设实施的监理。政府监理是强制性的,社会监理是委托性的。政府监理不含建设前期阶段。1995年,原建设部发布的《工程建设监理规定》(建监[1995]第737号)对工程建设监理服务内容描述为"控制工程建设的投资、建设工期和工程质量;进行工程建设合同管理,协调有关单位间的工作关系"。

国务院在 2000 年 1 月 30 日颁布《建设工程质量管理条例》和 2003 年 11 月 24 日颁布《建设工程安全生产管理条例》，明确了强制实施监理的工程范围，规定了工程监理单位及监理工程师在工程质量和安全生产管理方面的责任和义务，进一步增强了建设工程监理的法律地位。

但我国工程监理的实施情况，与当初的制度设计有一定偏差。当初设计的建设工程全过程、全方位监理逐步变为主要是施工阶段的质量控制和安全生产管理，而且过多地强调了旁站。在工程监理制度实施中，不仅忽视了工程项目策划决策、勘察设计、招标代理、设备采购与建造等阶段的咨询服务，而且使工程监理单位成为各方面推卸责任的对象，工程监理单位在某种程度上已成为工程质量和安全责任的最大承担者。当然，出现上述诸多问题的根源还在于我国建筑市场的大环境。我国建筑业改革将劳务层和管理层分离，将建筑业生产力几乎全部变成农民工，施工现场工人都是亦工亦农，多数没有学过专业技术，让监理人员来监督农民工，沦为"旁站"也是工程监理制度"走偏"的主要原因之一。

（二）工程监理制度发展历程

我国工程监理制度的发展过程可分为以下阶段：1988～1992 年的试点阶段；1993～1995 年的稳步推进阶段；1996 年开始的全面推行阶段。

1. 试点阶段（1988～1992 年）

自 1978 年起在改革开放政策实施的 10 年间，我国在经济建设领域取得了很大的发展和进步，各省市、各行业都在逐步恢复和加大对城市基础建设和工业领域的投资建设。一大批建设工程项目陆续竣工或上马，但在经历了"文化大革命"特殊动荡时期后，我国各个行业及领域严重缺乏技术人才和先进的管理制度，尤其在工程建设领域内管理和技术人才缺乏，相关质量、投资等规章制度或缺失或得不到有力的执行和落实，工程项目或多或少出现了不同程度的质量问题和质量事故。在确保工程项目建设的顺利实施及逐步与国际接轨的大前提下，原建设部联合其他相关主管部门及相关专家，在借鉴和吸收国外先进的工程管理制度后，制定了符合我国当时国情的工程监理制度。随后，原建设部于 1988 年 7 月 25 日发布《关于开展建设监理工作的通知》，首先提出建立具有中国特色的建设监理制度，并对我国工程监理的范围和对象、政府建设工程监理的管理机构及其职能、社会建设工程监理组织和监理内容、建设工程监理法规的建立、开展建设工程监理的步骤等作出了明确规定，**标志着我国工程监理事业的正式开始**；同年 11 月 28 日，原建设部又发出了《关于开展建设监理试点工作的若干意见》，**明确要求在北京、上海、南京、天津、宁波、沈阳、哈尔滨、深圳八个重点城市和能源部门、交通部门下属的水电和公路系统进行试点工作**，并就试点工作中的若干主要问题提出建议。

1989 年 4 月 24 日，原交通部颁布《公路工程施工监理暂行办法》，并在 9 条高等级公路建设中进行了工程监理试点；同年 7 月 28 日，原建设部发布《建设监理试行规定》，明确建设监理包括政府监理和社会监理。这是我国开展建设监理工作的第一个法规性文件，它全面地规范了参与建设监理各方的行为。《建设监理试行规定》还明确规定了政府监理机构及职责，社会监理单位及监理内容，监理单位与建设单位、承建单位之间的关系，外资、中外合资和外国贷款建设项目的监理。1991 年 12 月 16 日，原建设部领导在"全国建设工作大会"上指出，**建设监理试点工作历时 3 年时间已在全国 25 个省、自治区、直辖市和 15 个工业、交通部门开展**，实施监理的工程在提高质量、缩短工期、降低造价方面取得了显著效果，并决定在全国范围内逐步确立发展工程监理制度。1992 年 1 月和 6 月，监理试点工作迅速展开，《工程建设监理单位资质管理试行办法》（建设部令第 16 号）、《监理工程师资格考试和注册试行办法》（建设部令第 18 号）先后出台，9 月 28 日《关于发布建设工程监理费有关规定的通知》（[1992] 价费字 479 号）明确了我国工程监理合同计价方式和监理取费办法。

经过 3 年多的建设监理试点，取得了试点经验和成绩：实行监理制度的工程在工期、质量、造价等方面与以前相比均取得了较好效果，实行这项改革有助于完善我国工程建设管理体制；有助于促进我国工程的整体水平和投资效益；要组建一支高水平的工程建设监理队伍，将工程监理制度稳定下来。

2. 稳步发展阶段（1993～1995年）

经过一些地区和部门的试点，三年时间取得了积极成果，说明了工程监理制度的可行性。基于此，原建设部又制定和起草了一系列的规章制度和指令性文件，包括《工程建设监理单位资质管理试行办法》、《监理工程师资格考试和注册试行办法》、《关于发布建设工程监理费有关规定的通知》等。到1993年底，全国已有28个省、市、自治区及国务院20个工业、交通等部门先后开展了建设监理工作，累计对1636项、投资额2396亿元的工程项目实施监理。1993年7月27日，中国建设监理协会召开成立大会，宣布中国建设监理协会成立，并组成第一届理事会，这标志着我国工程监理行业初步形成，我国工程监理单位有了自己的行业组织，开始走上自我约束、自我发展的轨道。同年11月，在天津召开的全国第五次建设监理工作会议上，原建设部全面总结了监理试点的成功经验，并**根据工程建设发展需要和全国监理工作形势，部署了结束试点、转向稳步发展阶段的各项工作。**1994年6月22日，原建设部发布了《关于批准全国第三批监理工程师资格的通知》，共认定661人具有监理工程师岗位资格证。同年，原建设部和人事部在北京、上海、天津、广东、山东举行了试点考试，共有1926人通过考试。1995年10月，原建设部、国家工商行政管理局印发了《工程建设监理合同（示范文本）》（GF－95－0202），规范了监理单位与业主的权责利关系；同年12月，原建设部、国家计委颁布了《工程建设监理规定》，其对工程监理服务的内容描述是"控制工程建设的投资、建设工期、工程质量，进行工程建设合同管理，协调有关单位间的工作关系"。1995年12月19日，原建设部领导在第六次全国建设监理工作会议上发表题为《以党的十四届五中全会精神为指针全面推进工程建设监理制》的讲话，要求"从实现两个根本性转变的高度，深刻认识全面推进建设监理制的重大战略意义"，至此表明，**我国工程监理已经稳步发展，即将转入全面推行阶段。**

截至1995年底，全国29个省、自治区、直辖市和国务院39个工业、交通等部门推行了工程监理制度，全国已开展监理工作的地级以上城市有153个，占总数的76%，成立监理单位1500多家，其中甲级监理单位64家，工程监理从业人员达8万多人，其中有1180多名监理工程师获得了注册资格证书。全国累计实施监理的工程投资规模达5000多亿元，实施监理的工程覆盖率在全国平均约达20%，其中，大型水电工程、铁路工程、大部分国道和高等级公路工程全部实施了监理。

3. 全面推行阶段（1996年开始）

经过试点和稳步发展阶段的实践经验总结，原建设部为确保工程建设质量，进一步提高工程建设水平，充分发挥投资效益，促进工程建设监理事业的健康发展，于1995年12月召开的全国第六次监理工作会议上，**决定按照原定计划，从1996年1月开始，在全国全面推行建设工程监理制度。**1996年8月，原建设部、人事部下发了《建设部、人事部关于全国监理工程师执业资格考试工作的通知》（建监［1996］462号），从1997年起，全国正式举行监理工程师执业资格考试。1997年11月1日，第八届全国人大常委会第二十八次会议通过了《中华人民共和国建筑法》，这是我国工程建设领域的一部大法。《建筑法》明确了我国强制推行建设工程监理制度，这是我国第一次以法律形式对工程监理作出规定。另外，全国绝大多数地方政府或人大以及各行业部门，也制定了本地区、本部门的工程监理法规和实施细则，形成了上下衔接的法规体系，使工程监理工作基本上做到有章可循，保障了工程监理的健康发展。到1998年底，全国已经成立监理单位3343家，从业人员13万余人，其中经过原建设部定点院校培训的有6万人，一些省市和部门也举办了各类监理培训班，培训人数占监理队伍总数的70%，经过原建设部考核确认的注册监理工程师有1万人。另外，全国地级以上城市基本上都实施了工程监理，涉及建设项目投资达24600亿元，占全国总投资的41.7%，其中交通、水利、铁道、电力、煤炭、石油化工等部门的大中型项目基本都实行了工程监理，城市建设中的市政工程、大型公共民用工程和成片开发的住宅工程等也基本实行了工程监理。2000年1月30日，国务院颁布《建设工程质量管理条例》，对工程监理单位及监理工程师的质量义务和责任作出了具体规定。同年，原建设部和国家质量监督检验检疫总局联合发布《建设工程监理规范》（GB 50319—2000），对于规范工程监理行为发挥了重要作用。2001年1月17日，原建设部发布了《建设工程监理范围和规模标准规定》（建设部令第86号），规定了强制实行建设工程监理的范围，使建设工程监理制度真正成为建设领域必须实行的重要制度。8月29日，原建设部在修订《工程建设监理单位资质管理试行办法》（建设部令第16号）的基础上发布了《工程监理企业资质管理规定》（建设部令第102号）。此后，工程监理法规得到逐步修改与完善。

随着我国工程建设规模的不断扩大和相关环境的变化，工程监理制度的走向也发生了变化。1999年发生震惊全国的重庆彩虹桥垮塌事故后，政府部门对工程质量问题高度重视，国务院领导同志在视察三峡工程建设时指出：为确保三峡工程质量，必须实行严格的工程监理制度，强化工程监理。2002年7月17日建设部发布了《房屋建筑工程施工旁站监理管理办法（试行）》（建市〔2002〕189号），明确要求在房屋建筑工程施工过程中，对关键部位、关键工序的施工质量实施全过程现场跟班的监督活动。国务院继2000年1月30日颁布《建设工程质量管理条例》后，于2003年11月24日又颁布了《建设工程安全生产管理条例》，明确了工程监理单位及监理工程师在安全生产管理方面的法律责任和义务。2005年6月，在大连召开的全国建设监理工作会议上，原建设部领导在"改革创新，科学发展，努力开创工程监理工作的新局面"的讲话中明确，"建设工程施工阶段的监理是监理行业赖以生存和发展的基础，在当前的建筑市场条件下，夯实工程监理基础工作，将施工阶段的监理作为工程监理的工作重点是十分必要的"。2006年1月26日，原建设部颁布了《注册监理工程师管理规定》（建设部令第147

号），明确了注册监理工程师的权利和义务，强化了注册监理工程师的法律责任。同年，原建设部发布《关于落实建设工程安全生产监理责任的若干意见》（建市〔2006〕248号）。由此以来，有关部门一直强调监理的重点须放在工程质量控制和安全生产管理上，忽视了对建设其他各个阶段、工程项目其他目标的控制和管理，同时也加重了工程监理方责任，或已成为责任的最大承担者，监理工程师承担着原本由安全生产管理部门、质量管理部门承担的责任。重压之下，不少优秀的监理人员流失，人才的过度流失又进一步导致监理服务水平下降。

  为了适应体制改革及形势的变化，2007年1月，原建设部和商务部共同发布《外商投资建设工程服务企业管理规定》（建设部令第155号），这是我国政府发布的第一个关于规范外商投资建设工程服务企业的规范性文件。2007年6月，原建设部颁布了新的《工程监理企业资质管理规定》（建设部令第158号），为进一步规范工程监理企业的行为提供了制度保障。住房和城乡建设部2010年8月发布的2009年建设工程监理统计报表显示：新资质标准实施后，大型工程监理企业数量与换证前相比较变化不大，而中小型工程监理企业数量却明显下降。2007年，国家发展改革委和原建设部印发《建设工程监理与相关服务收费管理规定》的通知（发改价格〔2007〕670号）；2010年11月，在南京召开全国建设工程监理工作会议；2012年，住房和城乡建设部与国家工商行政管理总局发布《建设工程监理合同（示范文本）》（GF-2012-0202）；2013年，住房和城乡建设部与国家质量监督检验检疫总局联合发布《建设工程监理规范》（GB/T 50319—2013）等，对规范和指导工程监理活动起到了重要作用。

  在2008年前后，面对建设工程监理发展中遇到的新问题和新矛盾，工程监理企业开始拓展服务领域，从纵向和横向延伸市场范围，以提高工程项目综合管理咨询服务水平。近年来，一些实力较强的工程监理企业开始发展工程项目管理咨询服务，以专业化、分块化模式来适应市场需求，实现企业调整和转型。工程监理企业利用提供工程项目管理咨询服务实现企业升级，以此扩大利润空间。对于优秀的工程监理企业来说，这是通过价格竞争和关系营销，在行业中脱颖而出的重要出路。

为了深化我国工程项目组织实施方式的改革，培育发展专业化的工程总承包和工程项目管理企业，原建设部早在2003年就发布了《关于培育发展工程总承包和工程项目管理企业的指导意见》（建市［2003］30号）。随后，原建设部又于2004年发布了《建设工程项目管理试行办法》（建市［2004］200号），以促进我国建设工程项目管理健康发展，规范建设工程项目管理行为，不断提高建设工程投资效益和管理水平。2008年，为了贯彻落实《国务院关于加快发展服务业的若干意见》和《国务院关于投资体制改革的决定》的精神，推进有条件的大型工程监理单位创建工程项目管理企业，住房和城乡建设部组织制定了《关于大型工程监理单位创建工程项目管理企业的指导意见》（建市［2008］226号）。2010年，住房和城乡建设部领导在全国建设工程监理工作会议上的讲话中指出，"各级住房城乡建设主管部门要积极培育工程项目管理和咨询市场，加强对工程项目管理和咨询工作的指导，切实解决工程项目管理和咨询服务市场发展中遇到的矛盾和问题，为企业排忧解难，努力推进工程项目管理和咨询服务市场的发展"。有关领导讲话和相关政策文件的出台，对工程监理行业来说是一个极好的发展契机，有助于工程监理企业前后延伸地开展工程项目管理咨询服务等业务，推动工程监理向工程项目管理咨询服务领域的转化和发展。

据此，一些工程监理企业根据实际情况，对企业进行诊断，对内部资源和外部环境进行比较分析，研究本企业的优势、劣势、机会和威胁，结合企业现状，以现有业务为基础，选择适宜的发展战略。如一些规模较大、技术力量较强的工程监理企业，积极争取占领工程咨询行业的高端市场，拓宽业务领域，从施工监理向前期咨询、招标代理、造价咨询、设备监理、管理顾问以及全过程项目管理服务等方向拓展，并在实践中不断完善。而一些行业特点明显、某方面专业技术力量较强的工程监理企业，则发挥行业和专业的优势，积极创造条件在竞争中占得一席之地。

虽然工程监理制度在我国实施已有 20 多年，但遗憾的是，全社会甚至在相关行业内，相当一部分人对工程监理的理解还存在一定偏差，不少人（包括业主、政府有关部门领导）的认识还依然停留在"监理就是监工"的层面，如此思想认识占主流，对工程监理的定位预期就难以合理，工程监理人员的职业声望也就无从提高。

（三）工程监理制度发展现状

1. 工程监理法律法规及标准建设状况

我国工程监理自 1988 年起步发展至今，已经逐步形成了具有中国特色的工程监理制度，相应的法律法规及标准体系也逐步建立和完善，一方面适应了工程建设领域市场经济体制改革的需要，奠定了工程监理在建设活动中的法律地位；另一方面明确了工程监理的法律责任，规范了工程建设监理企业和人员的行为，加快了工程监理的法制化进程。

工程监理法律法规体系是根据《中华人民共和国立法法》的规定，把已经制定和需要制定的工程监理相关法律、行政法规和部门规章衔接起来，形成的一个相互补充、相互联系的完整系统，并与对监理市场进行规范化管理的工作标准（如《建设工程监理规范》）及规范性文件一起，共同构成我国工程监理法律法规及标准体系。我国工程监理现行法律法规及标准体系架构见表2-1。

我国工程监理现行法律法规及标准体系架构　　　表 2-1

分类	序号	文件名称	颁发机构	颁发时间
法律	1	中华人民共和国建筑法（中华人民共和国主席令第91号）	全国人民代表大会常务委员会	1997.11（公布）2011.04（修订）
	2	中华人民共和国合同法（中华人民共和国主席令第15号）	全国人民代表大会常务委员会	1999.03
	3	中华人民共和国招标投标法（中华人民共和国主席令第21号）	全国人民代表大会常务委员会	1999.08

续表

分类	序号	文件名称	颁发机构	颁发时间
法律	4	中华人民共和国防震减灾法（中华人民共和国主席令第7号）	全国人民代表大会常务委员会	2008.12
	5	中华人民共和国公路法（中华人民共和国主席令第19号）	全国人民代表大会常务委员会	2004.08
	6	中华人民共和国节约能源法（中华人民共和国主席令第77号）	全国人民代表大会常务委员会	2007.10
	7	中华人民共和国消防法（中华人民共和国主席令第6号）	全国人民代表大会常务委员会	2008.10
行政法规	1	建设工程质量管理条例（中华人民共和国国务院令第279号）	国务院	2000.01
	2	建设工程安全生产管理条例（中华人民共和国国务院令第393号）	国务院	2003.11
	3	汶川地震灾后恢复重建条例（中华人民共和国国务院令第526号）	国务院	2008.06
	4	民用建筑节能条例（中华人民共和国国务院令第530号）	国务院	2008.08
	5	安全生产许可证条例（中华人民共和国国务院令第493号）	国务院	2004.01
	6	生产安全事故报告和调查处理条例（中华人民共和国国务院令第493号）	国务院	2007.04
	7	特种设备安全监察条例（中华人民共和国国务院令第373号，2009年1月24日根据国务院令第549号修正）	国务院	2009.01
	8	中华人民共和国招标投标法实施条例（中华人民共和国国务院令第613号）	国务院	2011.12
	9	国务院关于投资体制改革的决定（国发［2004］20号）	国务院	2004.07
	10	国务院关于加快发展服务业的若干意见（国发［2007］7号）	国务院	2007.03
部门规章	1	建筑工程施工许可管理办法（建设部令第71号，第91号修改）	原建设部	1999.10（公布）2001.07（修订）
	2	实施工程建设强制性标准监督规定（建设部令第81号）	原建设部	2000.08
	3	建设工程监理范围和规模标准规定（建设部令第86号）	原建设部	2001.01
	4	城市建设档案管理规定（建设部令第90号）	原建设部	2001.07
	5	注册监理工程师管理规定（建设部令第147号）	原建设部	2006.01

续表

分类	序号	文件名称	颁发机构	颁发时间
部门规章	6	外商投资建设工程服务企业管理规定（建设部令第155号）	原建设部	2007.01
	7	工程监理企业资质管理规定（建设部令第158号）	原建设部	2007.06
	8	建筑起重机械安全监督管理规定（建设部令第166号）	原建设部	2008.01
	9	工程建设项目施工招标投标办法（发展计划委员会等七部委局令第30号）	七部委	2003.05
	10	工程建设项目货物招标投标办法（发展计划委员会等七部委局令第27号）	七部委	2005.01
	11	房屋建筑和市政基础设施工程质量监督管理规定（住建部令第5号）	住房和城乡建设部	2010.08
	12	《标准施工招标资格预审文件》和《标准施工招标文件》试行规定（发展改革委2007年56号）	国家发改委	2008.05
	13	关于印发《简明标准施工招标文件》和《标准设计施工总承包招标文件》的通知（发改法规[2011] 3018号）	国家发改委	2011.12
	14	中央投资项目招标代理资格管理办法（发展改革委令2012年第13号）	国家发改委	2012.03
	15	建设项目安全设施"三同时"监督管理暂行办法（国家安全生产总局36号令）	国家安全生产总局	2010.12
规范性文件	1	关于在工程建设勘察设计、施工、监理中推行廉政责任书的通知（建办监[2002] 21号）	原建设部	2002.04
	2	关于《对工程勘察、设计、施工、监理和招标代理企业资质申报中弄虚作假行为的处理办法》的通知（建市[2002] 40号）	原建设部	2002.02
	3	关于印发《房屋建筑工程施工旁站监理管理办法（试行）》的通知（建市[2002] 189号）	原建设部	2003.01
	4	《关于培育发展工程总承包和工程项目管理企业的指导意见》（建市[2003] 30号）	原建设部	2003.02
	5	建设工程质量责任主体和有关机构不良记录管理办法（试行）（建质[2003] 113号）	原建设部	2003.07
	6	建设部《关于建设行政主管部门对工程监理企业履行质量责任加强监督的若干意见》（建质[2003] 167号）	原建设部	2003.08
	7	关于印发《建设工程高大模板支撑系统施工安全监督管理导则》的通知（建质[2009] 254号）	住房和城乡建设部	2009.10
	8	关于印发《建设工程项目管理试行办法》的通知（建市[2004] 200号）	原建设部	2004.11

续表

分类	序号	文件名称	颁发机构	颁发时间
规范性文件	9	关于落实建设工程安全生产监理责任的若干意见（建市〔2006〕248号）	原建设部	2006.10
	10	关于印发《工程监理企业资质管理规定实施意见》的通知（建市〔2007〕190号）	原建设部	2007.07
	11	建设部办公厅《关于对注册监理工程师人数达不到资质标准要求的工程监理企业进行核查的通知》（建办市函〔2006〕47号）	原建设部	2006.07
	12	建设部建筑市场管理司《关于印发〈注册监理工程师注册管理工作规程〉的通知》（建市监函〔2006〕28号）	原建设部	2006.04
	13	建设部建筑市场管理司《关于印发〈注册监理工程师继续教育暂行办法〉的通知》（建市监函〔2006〕62号）	原建设部	2006.09
	14	国家发展改革委、建设部关于印发《建设工程监理与相关服务收费管理规定》的通知（发改价格〔2007〕670号）	原建设部	2007.03
	15	国家发展改革委关于降低部分建设项目收费标准规范收费行为等有关问题的通知（发改价格〔2011〕534号）	住房和城乡建设部	2011.03
	16	关于印发《关于进一步规范房屋建筑和市政工程生产安全事故报告和调查处理工作的若干意见》的通知（建质〔2007〕257号）	原建设部	2007.11
	17	关于印发《建筑施工特种作业人员管理规定》的通知（建质〔2008〕75号）	住房和城乡建设部	2008.04
	18	关于印发《建筑施工企业安全生产管理机构设置及专职安全生产管理人员配备办法》的通知（建质〔2008〕91号）	住房和城乡建设部	2008.05
	19	关于印发《关于大型工程监理单位创建工程项目管理企业的指导意见》的通知（建市〔2008〕226号）	住房和城乡建设部	2008.11
	20	关于印发《危险性较大的分部分项工程安全管理办法》的通知（建质〔2009〕87号）	住房和城乡建设部	2009.05
	21	关于加强重大工程安全质量保障措施的通知（发改投资〔2009〕3183号）	住房和城乡建设部	2009.12
	22	关于印发《建设工程监理合同》（示范文本）的通知（建市〔2012〕46号）	住房和城乡建设部	2012.03

续表

分类	序号	文件名称	颁发机构	颁发时间
工作标准	1	《建设工程监理规范》(GB/T 50319—2013)	住房和城乡建设部 国家质量监督检验检疫总局	2013.5
	2	《建设工程监理合同（示范文本）》(GF-2012-0202)	住房和城乡建设部 国家工商行政管理总局	2012.03
	3	《建设工程监理与相关服务收费标准》	国家发改委、原建设部	2007.03
	4	《建设工程文件归档整理规范》(GB/T 50328—2001)	原建设部 国家质量监督检验检疫总局	2001.03
司法解释	1	最高院关于审理建设工程施工合同纠纷案件的司法解释（法释［2004］14号）	最高人民法院	2004.10
	2	最高人民法院关于进一步加强危害生产安全刑事案件审判工作的意见（法发［2011］20号）	最高人民法院	2011.12

2. 政府对工程监理的监管状况

从中央至地方的纵向监管与各行业主管部门的横向监管共同构成了我国工程监理的政府监管体系。政府对工程监理行业的监管主要涉及法律法规和标准的制定、动态监管的实施、市场准入机制的建立和市场信用评价体系的建设等四个方面。

(1) 法律法规和标准的制定。健全和完善工程监理法规体系，是推进工程监理行业政府监管各项工作的基础和前提，是确保工程监理制度健康发展的有力保障，也是解决工程监理行业发展突出问题的有效途径。如《建筑法》的颁布和实施首次以法律形式明确规定"国家推行建筑工程监理制度"，明确了工程监理的法律地位以及工程监理的责、权、利，对全面推行和发展我国建设工程监理制度、规范监理市场行为，具有十分重要的意义。《建设工程质量管理条例》和《建设工程安全生产管理条例》从质量和安全生产管理的角度，明确了工程监理单位质量和安全生产管理的责任和义务。《建设工程监理规范》规范了监理工作的内容和标准。这些法律法规和标准的制定为政府监管工作的实施奠定了基础，也为完善政府监管工作提供了法律保障。

(2) 市场准入机制的建立。我国工程监理市场准入机制实行"双准入制"，即工程监理人员资格和企业资质双重准入标准。2006年4月1日起实施的《注册监理工程师管理规定》(建设部令第147号)明确了监理工程师注册、执业、继续教育和监督管理等内容,明确了注册监理工程师的权利、义务和法律责任;2007年8月1日起实施的《工程监理企业资质管理规定》(建设部令第158号)明确了工程监理企业的资质等级和业务范围、资质申请和审批以及对资质的监督管理等内容,规范了建设工程监理活动和法律责任。

《注册监理工程师管理规定》和《工程监理企业资质管理规定》构成了市场准入机制的两驾马车,对于保证我国建设工程监理队伍的素质,促进工程监理企业有序竞争,规范监理人员执业行为,确保工程监理服务质量与水平起到了积极作用。

(3) **动态监管的实施。**政府对工程监理的动态监管是政府监管体系的重要组成部分,对工程监理实施动态监管,能够及时发现工程监理企业、工程监理人员存在的问题,及时采取措施规范市场行为。目前,对工程监理市场的动态监管已成为各地政府主管部门实施监管的一项常态化工作,包括对企业资质、人员资格、监理招投标、监理行为检查和处罚、继续教育等实施动态监管。通过核验监理企业资质、人员资格和日常监理工作检查,主要强调三方面的清出力度:一是将通过买证、借证达到资质要求,取得资质后又转出人员的企业清出市场,及时将其列入监理行业黑名单并严格监控;二是将通过挂靠、转让企业资质,扰乱监理市场的企业作为重点监理对象,一经查证属实,坚决清出市场;三是对工作质量差、执业水平差、诚信记录差,有市场违规行为的企业和从业人员及时给予处罚,直至清出市场。通过以上三方面的工作,对工程监理企业、人员进行实时动态监管,从而一定程度上规范了市场秩序,促进了工程监理事业健康、有序发展。

(4) **市场信用评价体系的建设。**根据国家"整顿和规范市场经济秩序,健全现代市场经济的社会信用体系"的要求。2005年8月原建设部印发了《建设部关于加快推进建筑市场信用体系建设工作的意见》(建市[2005]138号),要求各地加快推进建筑市场信用体系建设工作。2007年1月原建设部印发了《建筑市场诚信行为信息管理办法》(建市〔2007〕9号),工程监理市场信用体系建设工作步入实质性阶段。目前,我国工程监理行业市场信用评价体系建设主要是政府主导型的构建模式,即由政府直接监管的相关部门构建非营利性的征信体系,建立统一的信息发布平台和信用评价体系,利用政府的职能来规范建筑市场工程监理的信用行为,涉及工程监理的招标投标、监理企业的市场经营行为、奖惩记录、人员执业行为状况等内容。至今,国家及各省市的工程监理市场信用体系还不够完善,正处于不断建立和健全之中。

综上所述,政府监管体系的运行,有效地保障了工程监理制度的实施和监理行业的稳步发展,成果显著,集中体现在以下几个方面:

一是促进了工程监理法律法规体系的基本形成,明确了工程监理的法律地位和实施监理的工程项目范围,制定了工程监理队伍的市场准入规则和监理取费标准,使工程监理工作走上规范化轨道。

二是促进了工程监理行业建设,对促进工程建设管理体制改革、提高工程建设管理水平发挥了重要作用。

三是促进了工程监理队伍的建设和管理,形成了一支适应建筑市场发展需要的工程监理队伍。

四是规范了工程监理市场秩序,一定程度上确保了整个工程监理行业服务水平。通过建立和实施现场监理机构监督检查制度,规范了工程监理服务的行为。

当然,由于目前我国的市场经济体制还没有完全建立、健全,工程监理制度难以完全依靠市场本身力量形成,一定程度上还必须依赖政府监管。现阶段政府对工程监理行业进行必要的监管,能有效促进工程建设管理水平的提高和投资效益的发挥。

3. 工程监理企业发展状况

近年来,伴随着工程监理行业的发展,我国工程监理企业经营范围不断拓展,经营规模不断扩大。

（1）工程监理企业分布状况。近年来，我国工程监理企业数量呈上升趋势，其中，大中型工程监理企业数量稳步上升，而小型工程监理企业数量略有下降，整个行业基本保持稳定。2012年，全国共有6605家工程监理企业参加了统计，与上年相比增长1.43%。其中，综合资质企业89家，增长7.23%；甲级资质企业2567家，增长6.65%；乙级资质企业2475家，增长3.47%；丙级资质企业1470家，减少8%；事务所资质企业4家，减少87.5%。工程监理业务覆盖房屋建筑、冶炼、矿山、化工石油、水利水电、电力、农林、铁道、公路、港口航道、通信、航空航天、市政公用和机电安装等14个工程类别。具体分布情况见表2-2至表2-4。

2012年全国工程监理企业按地区分布情况 表2-2

地区名称	北京	天津	河北	山西	内蒙古	辽宁	吉林	黑龙江
企业数	291	43	312	225	150	294	189	230
地区名称	上海	江苏	浙江	安徽	福建	江西	山东	河南
企业数	188	622	345	230	162	147	499	307
地区名称	湖北	湖南	广东	广西	海南	重庆	四川	贵州
企业数	242	204	467	153	41	93	299	68
地区名称	云南	西藏	陕西	甘肃	青海	宁夏	新疆	
企业数	141	1	317	137	56	53	99	

2012年全国工程监理企业按工商登记类型分布情况 表2-3

工商登记类型	国有	集体	股份合作	有限责任	股份有限	私营	其他类型
企业数	572	46	53	3478	644	1740	72

2012年全国工程监理企业按专业工程类别分布情况 表2-4

资质类别	综合资质	房屋建筑工程	冶炼工程	矿山工程	化工石油工程	水利水电工程
企业数	89	5465	47	30	138	78
资质类别	电力工程	农林工程	铁路工程	公路工程	港口与航道工程	航天航空工程
企业数	209	19	53	26	10	6
资质类别	通信工程	市政公用工程	机电安装工程	事务所资质		
企业个数	15	413	3	4		

2009～2012年全国工程监理企业分布情况如图2-1所示。

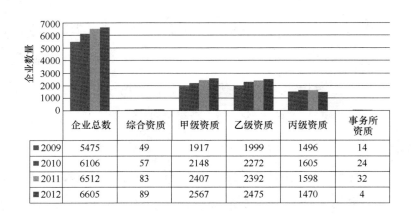

图 2-1 2009~2012 全国工程监理企业分布数量情况

2009~2012 年我国工程监理企业按资质划分的数量变化趋势如图 2-2 所示。综合资质工程监理企业数量占工程监理企业总数的比例在逐年上升,但由于总体数量少,增长趋势并不明显。甲级资质工程监理企业占工程监理企业总数的比例不断上升,而丙级资质企业的比例在下降,说明近年来,我国工程监理企业的整体资质水平在不断提高。具体比例见表 2-5。

2009~2012 年我国工程监理企业按资质类别比例分布情况　　　表 2-5

年　份	综合资质	甲级资质	乙级资质	丙级资质	事务所资质
2009 年	0.89%	35.01%	36.51%	27.32%	0.26%
2010 年	0.93%	35.18%	37.21%	26.29%	0.39%
2011 年	1.27%	36.96%	36.73%	24.54%	0.49%
2012 年	1.35%	38.86%	37.47%	22.26%	0.06%

我国工程监理企业主要分布行业有房屋建筑工程、市政公用工程、电力工程、化工石油工程、水利水电工程、冶炼工程、铁路工程等。2009~2012年,房屋建筑工程行业增加工程监理企业 881 家,市政公用工程行业增加 118 家,电力工程行业增加 48 家,水利水电工程行业增加 19 家。2009~2012 年全国工程监理企业按专业工程类别分布情况见表 2-6。

二、工程监理制度发展回顾

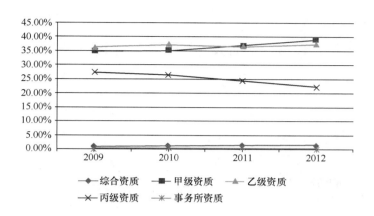

图 2-2 2009～2012 年我国工程监理企业资质比例变化情况

2009～2012 年全国工程监理企业按专业工程类别分布情况   表 2-6

年　份	房屋建筑工程	市政公用工程	电力工程	化工石油工程	水利水电工程	冶炼工程	铁路工程
2009 年	4584	295	161	124	59	48	48
2010 年	5112	341	170	132	63	51	54
2011 年	5398	376	195	134	76	52	54
2012 年	5465	413	209	138	78	47	53

企业性质方面，我国工程监理企业最主要的形式是有限责任公司、私营企业、国有企业和股份有限公司，同时有少量集体企业、股份合作公司以及其他类型。

近年来，有限责任公司的比例由 2009 年的 58% 降低到 2012 年的 53%，而私营企业的比例由 2009 年的 20% 增长至 2012 年的 26%，其他性质的企业比例近年没有太大变化。2009～2012 年全国工程监理企业按类型分布情况见表 2-7。

2009～2011 年全国工程监理企业按类型分布情况   表 2-7

年　份	国有企业	集体企业	股份合作	有限责任	股份有限	私营企业	其他类型
2009 年	543	55	45	3172	489	1121	50
2010 年	589	50	47	3407	583	1338	92
2011 年	595	49	56	3528	641	1561	82
2012 年	572	46	53	3478	644	1740	72

(2) 工程监理企业营运情况。

1) 固定资产投资与企业营业收入。随着经济的快速发展，全国城镇固定资产投资总额不断加大，建筑业总投资额也从 2005 年的 34552 亿元增长至

2012年的135303亿元，近5年来的涨幅达到121.3%，图2-3反映了2005年至2012年全国城镇固定资产投资及建筑业总投资的增长趋势。

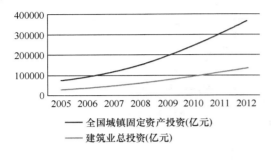

图2-3 2005~2012年全国城镇固定资产投资及建筑业总投资增长情况

2012年工程监理企业承揽合同额1826.15亿元，与上年相比增长28.43%。其中工程监理合同额1031.08亿元，与上年相比增长12.02%；工程项目管理与咨询服务、勘察设计、工程招标代理、工程造价咨询及其他业务合同额795.07亿元，与上年相比增长58.54%。工程监理合同额占总业务量的56.46%。

2012年工程监理企业全年营业收入1717.31亿元，与上年相比增长15.06%。其中，工程监理收入752.95亿元，与上年相比增长13%；工程勘察设计、工程项目管理与咨询服务、工程招标代理、工程造价咨询及其他业务收入964.36亿元，与上年相比增长16.72%。工程监理收入占总营业收入的43.84%。其中5家企业工程监理收入突破3亿元，17个企业工程监理收入超过2亿元，84家企业工程监理收入超过1亿元，工程监理收入过亿元的企业数与上年相比，增长9.09%。

2009~2012年，工程监理企业营业总收入从8545492万元攀升至17173100万元，2010年、2011年及2012年的营业收入增长率分别为39.97%、24.78%和15.06%。工程监理业务收入占总营业收入的45%左右，由2009年的4041701万元增长至2012年的7529500万元。2009~2011年工程监理营业收入分布情况如图2-4所示。

2) 工程监理百强企业分布情况。2009年的企业百强排行榜中，仅有一家企业为乙级资质企业，其余均为综合资质或甲级资质企业。之后的2010年、2011年和2012年，所有企业无一例外均为综合资质或甲级资质，且综合资质企业所占比例在不断上升。由此可见，在当前的市场竞争环境中，高资质大型

二、工程监理制度发展回顾

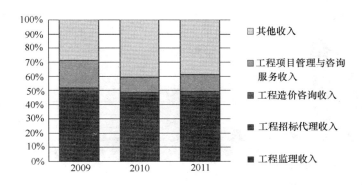

图2-4 2009～2011年工程监理营业收入分布情况

工程监理企业牢牢占据行业领先位置，低资质工程监理企业已无法进入行业顶端。具体分布情况如图2-5所示。

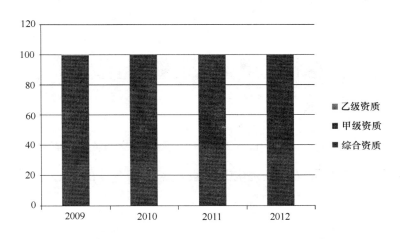

图2-5 2009～2012年工程监理百强企业按资质分布情况

专业领域分布方面，百强企业的分布主要集中在房屋建筑工程、电力工程和铁路工程，如图2-6所示。另外，2011年新增加港口与航道工程与矿山工程各一家。大多百强企业集中在北京、上海、广东、四川、浙江和江苏等省市，且并无明显变化趋势，如图2-7所示。

综上所述，在行业结构方面，监理企业地区分布格局基本保持稳定，具有各类专业资质类别的监理企业总体上呈现了较好的发展势头，监理企业资质向高等级进一步积聚的现象比较显著，资质构成比例呈现向高等级聚集的"倒金字塔"结构，专业监理企业类型分布不均，竞争环境、盈利能力差距明显，无

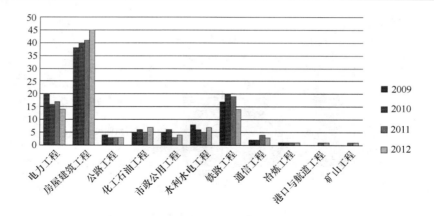

图 2-6 2009～2012 年工程监理百强企业按专业领域分布情况

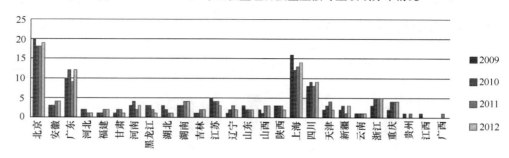

图 2-7 2009～2012 年工程监理百强企业按地域分布情况

法适应成熟市场"多层次、多元化"的服务需求，企业的核心竞争力有待进一步加强。

我国工程监理行业发达地区与中等、一般地区的主要差别首先在于监理行业的规模和结构，规模主要体现在工程监理人员数、监理企业个数以及工程监理收入三个方面，结构主要体现在主营监理业务具有甲级资质的企业数和具有高端服务资质的企业个数（包括招标代理资质、工程造价咨询资质、工程设计资质、工程咨询资质）。

我国监理企业的业务范围涵盖了 14 个专业方向，范围十分广泛，不同专业监理企业专业化程度有较大差别。对于不同专业化程度的房屋建筑类监理企业，监理收入占营业收入的比例呈上升趋势，电力工程类监理企业监理收入占营业收入的比例比较稳定。而对于市政公用类监理企业，随着规模的增加，专业化程度则出现一定下降。以电力工程为代表的专业性强、具有一定垄断性的监理企业，呈现主动专业化的趋势，即规模越大的监理企业，越呈现出专业化经营的特征。与电力工程监理企业相反，房屋建筑监理企业则呈现出主动多元化的趋势，由于房屋建筑工程监理市场竞争激烈，利润率低，促使房建监理企业通过多元化发展提升企业经营绩效的空间。

行业内专家研究表明，以所有监理企业为样本进行分析，采用专业化经营和非专业化经营的监理企业在经营绩效上没有显著差别。但是，在百强监理企业中，专业化程度与企业经营绩效呈明显的正比关系，专业化程度越高，企业的经营绩效越好。另外，不同专业监理企业专业化和经营绩效的关系也不同。百强房屋建筑企业多元化带来了更好的经营绩效，但电力工程监理企业专业化对于提高企业经营绩效更明显。

4. 工程监理从业人员状况

（1）从业人员整体情况及从业人员持证情况。 截至2012年底，我国工程监理从业人员共有822042人，与上年相比增长7.67%。其中，正式聘用人员643743人，占年末从业人员总数的78.31%；临时聘用人员178299人，占年末从业人员总数的21.69%。

2012年底，工程监理企业注册执业人员为171902人，与上年相比增长8.47%。其中，注册监理工程师为118352人，与上年相比增长5.99%，占总注册人数的68.85%；其他注册执业人员为53550人，占总注册人数的31.15%。

2009～2012年，我国工程监理企业从业人员、专业技术人员、注册监理工程师等人数都呈现增长趋势，涨幅较为稳定。2009～2012年全国工程监理从业人员分布情况如图2-8所示。

（2）从业人员职称分布情况。 2012年底，工程监理企业专业技术人员729686人，与上年相比增长6.93%。其中，高级职称人员111400人，中级职称人员328939人，初级职称人员188048人，其他人员101299人。专业技术人员占年末从业人员总数的88.77%。

图 2-8 2009～2012 年全国工程监理从业人员分布情况

工程监理企业的专业技术人员数量虽然连年增长，但其中有高级职称的人才比例始终保持在 16% 左右，大多数专业技术人员为中级或初级职称（如图 2-9 所示）。而注册监理工程师的比例在 2012 年仅为 16.22%，监理行业对高素质专业人才的需求仍十分巨大。

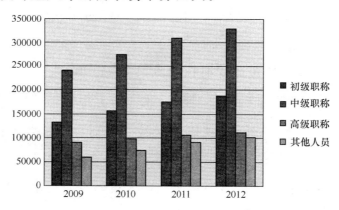

图 2-9 2009～2012 年工程监理企业专业技术人员职称分布

(3) 从业人员学历结构。 在监理机构人员的学历和专业构成方面，调查结果显示，62.39% 的监理机构人员和 71% 的总监理工程师专业为工民建，许多项目监理机构中土建人才有余而其他专业人才不足。大专及以下学历的人员分别占监理机构人员和总监理工程师人数的 66.95% 和 54% 以上（如图 2-10 所示),监理行业人员整体学历偏低。

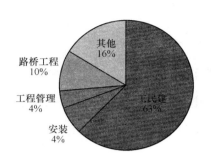

(1) 监理机构人员的专业构成图

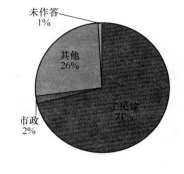

(2) 总监的专业背景

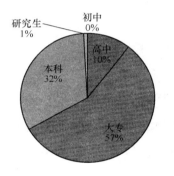

(3) 监理人员的学历分布图

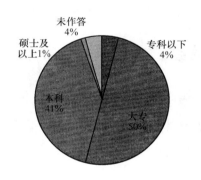

(4) 总监理工程师的学历分布

图 2-10

(四) 实施工程监理制度取得的重大成就

20多年来,我国经济持续快速发展,一大批铁路、公路、城市基础设施项目、住宅和公共建筑项目、工业项目建成投产,特别是北京奥运、上海世博、高速铁路、跨海跨江大桥、超高层建筑等一大批代表当今世界先进水平的"高、深、大、难"工程项目高质量地建成并投入使用,不仅凝结了工程勘察、设计、施工行业广大干部、技术人员、工人的智慧和力量,也凝结了工程监理行业广大干部和职工的心血和汗水。工程监理对工程质量和进度控制、安全生产管理及投资效益的发挥作出了重要贡献,也为我国建筑业和国民经济可持续发展作出了有益贡献。实施工程监理制度取得的重大成就体现在以下几个方面。

1. 推进了我国工程建设组织实施方式的改革

工程监理制度的引入，是我国工程建设领域引进和学习国外先进工程管理模式的结果，其推行改变了长期以来我国工程建设领域自筹、自建、自管的传统管理模式，使进我国建设项目管理方式由单一化走向多元化，建设项目管理向社会化、专业化、现代化的方向发展，为我国建设项目组织实施方式的变革开启了一条新兴之路。目前，工程监理制与项目法人责任制、招标投标制、合同管理制共同构成了我国工程建设管理的基本制度，极大地推进了我国工程建设领域组织管理体制的改革。

2. 加强了建设工程质量和安全生产管理

20多年来，我国工程建设规模史无前例，且复杂程度高、建设周期短，施工队伍整体管理水平低，人员素质较低。实施工程监理制度，对工程质量的形成过程做到了全过程的控制和监督，从而确保了工程质量。另一方面，通过审查专项施工方案，督促做好施工作业安全技术交底，在现场巡视检查、跟踪监督施工是否按施工方案和强制性标准进行，检查安全隐患及现场文明施工等方式，最大限度地保证了安全生产。一大批基础设施项目、住宅项目、工业项目，以及大量的公共建筑项目都按国家规定实施了工程监理。广大工程监理工作者坚持严格、科学的监督管理，对于保证建设工程质量、安全生产发挥了不可替代的作用。

3. 保证了建设工程投资效益的发挥

实施工程监理制度，能够促进工程项目在满足预定功能和质量标准的前提下，尽可能地控制工程建设投资，控制工程建设周期，实现工程质量、投资、进度、环境等方面的综合效益最大化。工程监理实施过程中，通过参与落实设计意图和要求、工程建设过程管理、合同管理、信息管理、工程验收等工作，来保障项目投资效益的最大化。

4. 促进工程建设管理的专业化、社会化发展

在全面实施工程监理制度之前，一方面，建设项目基本上由建设单位自行组织实施，项目管理人员和团队通常是临时组织的、非专业的，很难科学地处理许多专业问题。同时，由于业主方常常用行政命令方式管理建设项目，过多的行政干预严重影响了工程建设，最终导致建设项目投资过高、工期延长、质量失控等一系列问题。另一方面，临时组成的项目管理部门做完一项工程后即解散，无法对工程项目经验进行总结和推广，由此造成了很大的资源浪费。通过实施工程监理制度，工程监理企业能够以自身专业的工程管理知识和经验为业主提供全面科学的工程咨询服务，使业主在施工技术、合同、质量、进度、投资等方面得到支持。同时，随着工程监理制度的完善、工程监理企业数量的增加，更多的建设项目实施了监理，使得工程建设管理的专业化、社会化程度不断提高。

5. 推进了我国工程管理的国际化

近年来，我国对外开放不断扩大，吸引了大量外商到我国投资，这些投资者都普遍要求实行工程监理制度，以此来保证工程建设有序进行。另一方面，过去我国的承包队伍进入国际市场后，由于不熟悉国际惯例，缺乏工程咨询及监理知识和相关经验，常常使经济收入和企业信誉受损。实施工程监理制度后，我国的承包队伍逐步熟悉了工程咨询及监理制度，增强了国际竞争力。因此，工程监理制度对于吸引外资和先进技术、适应和开拓国际建筑市场，增强我国建设队伍的国际竞争力等方面发挥了巨大作用。

三、工程监理与国际工程咨询的比较分析

(一) 国际工程咨询模式

工程咨询是以信息为基础，依靠专家的知识、经验和技能对委托人委托的问题进行分析和研究，提出方案、建议和措施，并在需要时协助实施的一种高层次、智力密集型服务。工程咨询的特点是人才和智力的密集性。

近年来，国际工程咨询服务业发展很快，市场对咨询服务的需求范围越来越广，涵盖了与工程建设相关的政策建议、机构改革、项目管理、工程服务、施工监理、财务、采购、社会和环境研究各个方面。能够提供咨询服务的，既有各种咨询公司，也有个人咨询专家。

在国际工程咨询服务市场中，常见的咨询服务包括投资前研究、准备性服务、执行服务和技术援助。

1. FIDIC 咨询模式

FIDIC 是指国际咨询工程师联合会（Federation Internationale des Ingenieurs Conseils），1913 年由欧洲三个国家的咨询工程师协会创建。至今，FIDIC 的成员遍及全球各地 70 多个国家和地区，中国在 1996 年正式加入。FIDIC 代表了世界上大多数独立的咨询工程师，是最具有权威性的咨询工程师组织，它推动了全球范围内的高质量的工程咨询服务业的发展。自成立以来，FIDIC 制定了一系列合同标准文件。FIDIC 合同条件不仅被其成员国广泛采用，同时也为世界银行、亚洲开发银行、非洲开发银行等国际金融机构认可，规定使用其贷款建设的工程都使用 FIDIC 合同条件。

目前，FIDIC 出版的合同与协议主要有 FIDIC《施工合同条件（1999年版）》（"新红皮书"）、《施工分包合同》、《设计、建造、运营合同条件》、《工程设备和设计—建造合同条件（1999年版）》（"新黄皮书"）、《EPC/交钥匙项目合同条件》（"银皮书"）和《简明施工合同（1999年版）》（"绿皮书"）。其中，《设计、建造、运营合同条件》适用于承包商承担设计、建造并运营的项目，是典型的政府融资的高速公路和大型桥梁等公共设施项目；而《EPC/交钥匙项目合同条件》（"银皮书"）则适用于在交钥匙的基础上进行的工程项目的设计和施工，尤其是私人融资的 BOT 项目。根据项目实际情况，可选择对应的 FIDIC 合同条件参考或使用，如图 3-1 所示。

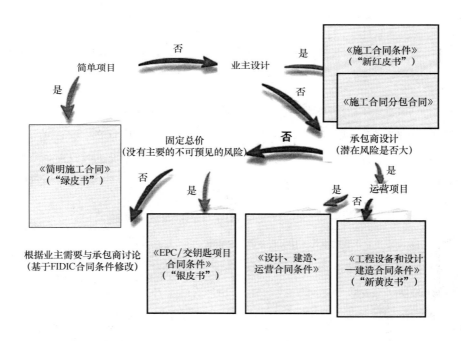

图 3-1　FIDIC 合同条件（http：//fidic.org/node/149）

（1）FIDIC 模式下咨询特点。 FIDIC 的几种合同条件根据其服务的对象不同，其适用范围和合同内容也有较大差异。比如《施工合同条件（1999年版）》（"新红皮书"）适用于业主任命工程师监理合同的房屋建筑和各类工程的施工项目，而《工程设备和设计—建造合同条件（1999年版）》（"新黄皮书"）则适用于由承包商进行绝大部分设计的工程项目，特别是电力和/或机械工程项目。

不同合同条件下咨询模式也有各自的特点。例如在"新红皮书"合同条件下咨询模式的主要特点有：（1）业主负责工程的设计工作；（2）采用单价合同；（3）由业主委派"工程师"负责项目管理；（4）合同中风险的分担基本上是均衡的。而对应"新黄皮书"合同条件下咨询模式的主要特点为：（1）承包商要按照业主的要求对工程项目进行设计、施工以及设备提供和安装；（2）采用总价合同；（3）设计风险由承包商承担。

几种合同条件下咨询模式的特点对比见表3-1。

FIDIC 咨询模式特点　　　　　　　　　　　　　　表 3-1

序号	1.1	1.2	1.3
合同名称	《施工合同条件（1999年版）》（"新红皮书"）	《工程设备和设计—建造合同条件（1999年版）》（"新黄皮书"）	《EPC/交钥匙项目合同条件》（"银皮书"）
适用范围	适用于业主任命工程师监理合同的房屋建筑和各类工程的施工项目	适用于由承包商进行绝大部分设计的工程项目，特别是电力和/或机械工程项目	适用于在交钥匙的基础上进行的工程项目的设计和施工，尤其是私人融资的BOT项目
主要特点	（1）业主负责工程的设计工作；（2）采用单价合同；（3）由业主委派"工程师"负责项目管理；（4）合同中风险的分担基本上是均衡的	（1）承包商要按照业主的要求对工程项目进行设计、施工以及设备提供和安装；（2）采用总价合同；（3）与《施工合同条件》下由"工程师"管理合同的模式基本相同；（4）除设计风险由承包商承担外，其余与《施工合同条件》中的规定类似	（1）承包商要负责实施所有的设计、采购和建造工作；（2）EPC采用固定总价合同方式；（3）在此合同形式下，没有监理"工程师"这一角色；（4）与前面两种方式相比，银皮书规定承包商要承担较大的风险

（2）FIDIC 模式下咨询工程师的职责。不同的合同模式下，各个参与方的角色和职责也是不一样的。例如，在《施工合同条件（1999年版）》（"新红皮书"）中，业主负责工程的设计工作，承包商按照业主方提供的设计进行施工，

咨询工程师则是业主方管理工程项目的具体执行者，负责解释合同条件，以及对承包商的工作进行监督和检查，以确保合同目标的圆满实现；而在《EPC/交钥匙项目合同条件》（"银皮书"）中，没有监理"工程师"这一角色，承包商要负责实施所有的设计、采购和建造工作，即在"交钥匙"时，要提供一个设施配备完整、可以投产运行的项目。

在"新红皮书"中，工程师是在工程施工阶段为业主进行项目管理的人员，作为业主方管理工程项目的具体执行者，必须按照业主和承包商签订合同中对于工程师职责和权限的规定来履行其职责，负责解释合同条件，以及对承包商的工作进行监督、督促和检查，以确保合同目标的圆满实现。工程师在施工阶段的管理职责一般包括合同管理、进度管理、投资管理、质量管理、HSE（职业健康卫生与安全及环保）管理、信息管理、对各方面进行协调等几个方面。这与我国监理工程师的职责既有相同之处也有区别，其中区别最大的是安全管理职责，见表 3-2。

咨询工程师的职责 表 3-2

比较内容	《施工合同条件（1999 年版）》（"新红皮书"）	我国监理工程师
合同管理	负责对合同文件的解释和说明，处理矛盾，对合同管理中的重要工作做出商定或决定，以确保合同的圆满履行	拟定合同结构和合同管理制度，协助业主拟定工程的各类合同条款，合同执行情况的分析和跟踪管理，协助业主处理与工程有关的索赔事宜及合同争议事宜
进度管理	审查承包商的施工进度计划，检查承包商的进度计划实施情况，批准进度变更，发出暂时停工令和复工令等	监督施工单位严格按照施工合同规定的工期组织施工，审查施工单位提交的施工进度计划，建立工程进度台账，核查工程形象进度
质量管理	帮助承包商理解设计图纸，发出图纸变更令，处理因设计图纸供应不及时引起的索赔，审查批准合同中规定由承包商设计的图纸。监督承包商认真贯彻执行合同中的技术规范和图纸要求，及时检查工程质量，特别是基础工程和隐蔽工程，检查试验成果和验收。对设备安装和材料质量也应进行检查和验收	检核施工测量放线，验收屏蔽工程、分布分项工程，进行巡视、旁站和平行检验，审查施工单位报送的工程材料、构配件、设备的质量证明资料，抽检进场的工程材料、构配件的质量，审查施工单位提交的采用新材料、新工艺、新技术、新设备的论证材料及相关验收标准，监督施工单位对各类土木和混凝土试件按规定进行检查和抽查，监督施工单位任职处理施工中发生的一般质量事故，对大和重大质量事故以及其他紧急情况报告业主

续表

比较内容	《施工合同条件（1999年版）》（"新红皮书"）	我国监理工程师
造价管理	审核承包商的月报表、处理变更，调价及承包商申请的其他费用和利润索赔	审核施工单位提交的工程款支付申请，签发或出具工程款支付证书，并报业主审核、批准；监理计量支付签证台账；审查施工单位提交的工程变更申请，协调处理施工费用索赔，合同争议；审查施工单位提交的竣工结算申请
职业健康安全环保管理	承包商对现场作业、施工方法全部工程的安全性负责任，承包商还应指定事故预防员，负责现场的人身安全及预防安全事故。未规定工程师在安全环保的职责，只是在事故发生后，要求承包商向工程师写出报告	依照法律法规和工程建设强制性标准，对施工单位安全生产管理进行监督；编制安全生产事故的监理应急预案；审查施工单位的工程项目安全生产规章制度、组织机构建立和专职安全人员配备；督促施工单位进行安全自查工作，巡视检查施工现场安全生产情况，对实施监理过程中，发现存在安全事故隐患的，应签发监理工程师通知单，要求施工单位整改，情况严重的由总监理工程师下达工程暂停指令，施工单位拒不整改的，通过业主向有关主管部门报告

2. 发达国家和地区工程咨询特点

纵览国际上工程建设百年史，在工程项目管理发展过程中，逐渐形成了"（咨询）工程师"的角色，最初是业主委托其进行工程设计，交由承包商施工；后来为了更好地贯彻设计意图，逐渐由"工程师"受业主委托进行项目管理，形成了这样一个特殊角色。发达国家和地区常用的项目管理模式中，都离不开"（咨询）工程师"或相近角色，如美国的建筑师、CM经理，英国的项目经理、管理承包商，FIDIC和ICE各个版本合同条件中都离不开"（咨询）工程师"这一重要角色。各个国家和地区常用项目管理模式的主要特点见表3-3。

项目管理模式主要特点比较 表3-3

序号	国家/地区	常用项目管理模式	主要特点
1	美国	①设计—招标—建造模式 ②CM管理模式	(1) 工程师/建筑师的首要职责是工程设计； (2) 工程师/建筑师仅负责就项目事宜向业主提供专家意见，在CM管理模式下，工程师/建筑师通过CM经理间接地向业主提供咨询； (3) 工程师/建筑师并不在业主与承包商之间以调解人的身份出现； (4) 工程项目安全管理主要是由承包商负责
2	英国	设计—建造模式	(1) 设计—建造模式越来越多地得以应用； (2) 业主和咨询工程师之间可以是雇佣关系也可以是合作伙伴； (3) 咨询工程师一般有设计者和业主代表两个角色； (4) 作为业主在施工过程中的代表，工程师的主要职责：执行规范（Specification）和计量（Measurement）； (5) "安全第一"（H&S）是工程中的核心准则； (6) 对于安全事故责任的追查，一般是按照分包商—主承包商—工程师代表—设计者的顺序
3	澳大利亚	①传统管理模式1 ②传统管理模式2 ③设计—建造管理模式	(1) 传统管理模式1中主咨询工程师是建筑师（Architect）； (2) 传统管理模式2中监理工程师根据合同要求对工程项目的实施进行全程管理； (3) 传统管理模式2中监理工程师具有双重角色：作为公证员的角色和作为业主机构的角色； (4) 设计—施工管理模式中监理工程师的作用与传统管理模式2中基本一致，对工程项目的实施进行全程管理
4	日本	①设计—建造模式 ②设计—建造—运营模式 ③PFI模式	(1) 咨询工程师仍处于从属地位； (2) 咨询工程师充当设计和监理两个角色

41

续表

序号	国家/地区	常用项目管理模式	主要特点
5	新加坡	建筑管制专员管理模式	（1）采用一个独立的特许审核员（Accredited Checker）负责对项目的设计阶段进行审查； （2）委托一名取得注册资质的人员（Qualified Person）连同由该人员任命的现场监理员（Site Supervisor）一同对工程项目的施工过程进行监理
6	香港	①传统模式 ②项目管理模式 ③管理承包模式 ④设计及建造模式 ⑤定期合同（Term Contract） ⑥BOT，PPF（Public Private Funding），Partnering等其他模式	（1）常用的工程项目管理模式多种多样； （2）咨询工程师全面监控和管理项目； （3）从事工程咨询的业务需取得如HKIA，HKIS及HKIE等专业学会会员资格； （4）列入名册的咨询机构方可承揽公共工程的咨询业务； （5）业主对咨询工程师的授权明晰，管理到位； （6）香港建筑业推行伙伴关系管理模式

（1）美国。美国的工程项目管理主要有传统的设计—招标—建造模式和CM管理模式两种。美国的建设项目管理的模式的特点可以归纳为高度的专业化、各司其职、各负其责。承包商承担建造，对工程质量和工程安全承担全部的责任；建筑师/工程师负责设计，对设计质量负全部责任。即使在CM模式下，CM经理也主要是组织者和协调者，其对承包商的质量监理在其次。这样的好处是，责任划分明确、效率高。但是，这样的系统要求有一个严密而有效的法律、法规系统作为后盾，并且对承包商的职业道德有较高的要求。在这两种模式下，"（咨询）工程师"的角色和承担的工作都有各自的特点。

1）工程师/建筑师的首要职责是工程设计。在传统的设计—招标—建造模式中，工程师/建筑师虽然会承担一部分的施工监督与管理职责，但这种职责仅限于对承包商各种申报资料的审批等，其审批责任也主要在于与工程设计相关的部分，比如材料替换等。工程师/建筑师并不真正介入施工阶段的工程项目管理事宜（如三大控制等）。

在 CM 管理模式下工程师/建筑师的基本职责也大致如此。在建造—设计项目中，因为在保险、担保、融资、流动资金方面的要求，建造—设计实体一般由承包商牵头，建筑师/工程师也不会负责项目的监督与管理。总之，承包商必须对施工管理的各个方面承担完全的责任。承包商的行为主要受施工合同约束。

2）工程师/建筑师仅负责就项目事宜向业主提供专家意见。从合同的角度来看，在传统的设计—招标—建造模式下，工程师/建筑师仅负责就项目事宜向业主提供专家意见。这种意见对合同双方都没有约束力。在 CM 模式下，工程师/建筑师通过 CM 经理间接地向业主提供咨询。

在这两种情况下，工程师/建筑师并不在业主与承包商之间以调解人的身份出现。无论在何种项目模式下，如果出现争议，双方会尽量按照合同通过协商解决。如果出现了双方无法根据合同解决的争议，则通过调解仲裁或诉讼来解决。

3）工程项目安全管理主要是由承包商负责，工程师以及其他的设计专业人员也可能负担一定程度的责任。建筑业是一个高危险、多事故的行业。建筑工程项目的安全管理直接影响到建筑工人的人身安全和身体健康，同时也是影响项目质量、成本和工期的一个重要因素。在美国建筑业中工程项目安全管理主要是由承包商负责的。然而在某些特定情况下，工程师以及其他的设计专业人员也可能承担一定程度的责任。

经过多年发展，美国建筑业中工程项目安全的管理以及与事故责任的分配已经形成了相当成熟的方法、制度与体系。按照美国惯例，承包商要对工地现场的安全完全负责。承包商要自主决定工人的安全培训计划，制定详细的工地安全规章，采取充分的安全措施等。

美国通过强制购买保险和对保险费率的调节，将安全管理和承包商的经济利益紧密联系在美国的社会福利与税收制度下，政府能够追踪每个人的就业、收入、医疗、保险情况，对每个雇主的雇员，包括临时雇员也都有完整的记录。因此，承包商很难隐瞒或谎报工程事故中人员伤亡的情况。

美国的OSHA在提高安全管理水平中起着重要的作用。这个组织负责制定详尽的工程施工中的安全规范，跟踪、记录、公开承包商的安全纪录等，发现项目中的安全问题时，有强制要求停工的权力。

（2）英国。英国在世界工程咨询行业里占有举足轻重的地位，其现有的工程咨询主体包括咨询工程公司、咨询合伙人公司和独立咨询工程师，这三个主体依据其自身特点拥有不同的服务主体。

1）随着英国建筑市场的发展，设计—建造模式越来越多地得以应用。一些咨询工程师承担起了额外的项目管理职能，进而直接去雇用承包商；也使得大的承包商设立设计部门去承接设计—建造项目，或是将设计部分分包给其他咨询工程师。

2）业主和咨询工程师之间可以是雇佣关系也可以是合作伙伴。除了以上两种情况之外，在英国最常见的还有由咨询工程师和承包商专为赢取某个项目组成的合作伙伴（Partnership）或联营体（Joint Venture）。一般来讲，业主和咨询工程师之间可以是雇佣关系也可以是合作伙伴。前者适用于中小型项目，后者在大型及中长期项目中比较普遍。

3）英国的咨询工程师一般有设计者和业主代表两个角色。在传统的项目管理模式中，两个角色由不同的工程师来担任。近些年来，在越来越多的工程中，咨询工程师担任双重角色。如果工程造价不高，而设计者又具有项目管理实力的话，那么，"工程师"就可以由设计方来承担。这样的好处是节省工程造价和保证工程的连续性。

如果工程造价比较高，业主则往往不会冒险把工程交给设计方，会找一家专业的具有大型项目监管经验的"工程师"。另一方面，如果工程的设计难度比较大，设计者往往是某个专业领域的专家，因此在大多情况下，设计方不会具有"工程师"的职能。这就会迫使业主委任独立咨询工程师，尽管需要付出额外费用。

4）作为业主在施工过程中的代表，英国工程师的主要职责为执行规范

(Specification) 和计量 (Measurement)。

① 执行规范。执行规范的目的有两个。第一，为业主制定最低工程验收标准。工程师制定的规范是基于品质 (Performance)，而不是细节 (Detail)。第二，制定承包商需要达到的施工标准。

② 工程计量。工程款支付的种类可以分为按工程量清单支付、按工程目录支付、总价支付等。工程量清单一般是在设计完成之后由设计者准备的，并由投标者标价，用于评估支付，但必须以一系列的计量规则作为基础。工程目录列出了需要完成的不同工程项目，一般是由投标者按照投标须知中列出的准则准备的。

5) "安全第一"（H&S）是工程中的核心准则。在英国，建筑行业有一套完整的安全施工准则和应急措施。社会上亦有独立的安全监督机构：Health & Safety Executive。现场的项目管理队伍特别注重 H&S，因为如果是主观原因或可避免的客观原因造成的重大伤亡，整个项目部就要下课，公司要停牌一年，在 long list 上的排名要下滑。所以在安全问题上，可以说承包商不惜血本地投入。

6) 英国政府对于安全事故责任的追查，一般是按照这个顺序：分包商—主承包商—工程师代表—设计者。一般来讲，主承包商应该是主要责任人。而对于工程师代表（Representative of Client）或驻地工程师（Resident Engineer），由于他们有义务在施工中代替雇主行使对承包商监督和作现场决策的作用，因此，如果工程师代表对承包商的不符合安全规范的行为没有提出异议或制止的话，承包商将负有主要责任，工程师代表也将负有一定责任。

(3) 澳大利亚。澳大利亚具有多种项目管理模式。包括传统管理模式1、传统管理模式2、设计—施工管理模式等。各个管理模式中，咨询工程师由不同的角色充当，项目咨询工作的开展也各有各的特点。

1) 传统管理模式1中主咨询工程师是建筑师（Architect）。在澳大利亚传统的工程管理模式1中，主要参与方相互之间的关系如图3-2所示。

在此模式中，主咨询工程师是建筑师（Architect），业主与建筑师之间签

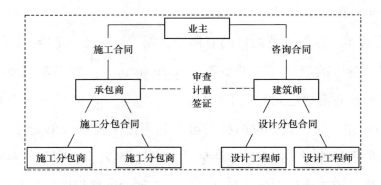

图 3-2 传统管理模式 1

订有咨询合同。建筑师也可以将一些专业工作分包给不同领域的设计工程师（Engineer），设计工程师是处于从属地位的咨询工程师。承包商与业主签订有施工合同，与分包商签订有分包合同。建筑师与承包商之间没有合同关系，但是建筑师在项目施工期间要对承包商的工作进行审查、计量和签证。

2）传统管理模式 2 中监理工程师根据合同的要求对工程项目的实施进行全程管理。传统模式 2 中，除如图 3-2 所示各方外，还可以设有监理工程师（Superintendent）的角色（如图 3-3 所示）。

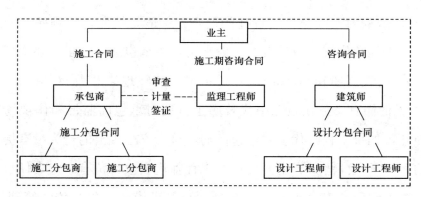

图 3-3 传统管理模式 2

在图 3-3 所示模式下，建筑师承担施工前阶段的咨询工作，而对于图 3-2 模式中，建筑师在施工期间的咨询工作由监理工程师承担。在传统模式 2 中应用的澳大利亚标准合同文本第 23 款指出：业主需要确保监理工程师根据合同的要求对工程项目的实施进行全程管理。

监理工程师要：第一，行为诚实和公正；第二，在合同规定的时间内作出反应，或在合同未指明的情况下在合理时间内作出反应；第三，在施工期间合理地采取措施或计量工程量。在这种模式下，监理工程师具有双重角色：作为公证员的角色和作为业主机构的角色。

① 监理工程师作为公证员的角色。监理工程师可以作为公证员，签发工程签证，根据工程实际情况作出合理的决定，衡量工作量、工程量和工程进度。监理工程师作为公证员的角色的工作内容主要包括：a. 评估工程是否合理地执行和完成；b. 评估材料和工艺的质量；c. 评估需延长的时间；d. 评估费用的增加；e. 签发项目实际完成证书；f. 评估进度；g. 评估误期损害费；h. 计量变更；i. 评估由于不利的现场条件所增加的费用；j. 评估施工延迟的费用；k. 评估处理矿藏和古迹的费用；l. 签发最终支付证书。

由于监理工程师具有公证员的角色，意味着业主不得干涉其工作，确保其不偏不倚地处理问题。监理工程师必须根据自己的调查独立作出判断，而不受任何人的控制。

② 监理工程师作为业主机构的角色。作为业主的一个机构，监理工程对承包商发布的很多指令代表的是业主的利益和意图。业主授权后，可代表业主就如下方面向承包商发布指示：a. 工程实施；b. 变更范围；c. 合同的错误、文件矛盾和意思不清；d. 由于现场条件引起的问题；e. 选择指定分包商和供应商；f. 暂定金额；g. 取消或执行某项目；h. 指示施工工作人员离岗；i. 根据法令法规的要求指示；j. 更换材料和工艺；k. 开启检查已隐蔽工程，l. 测试材料和设备；m. 清除已完成项目，并/或重新实施该项目；n. 处理矿藏、遗迹和古董；o. 未处理的缺陷；p. 推迟实施任何项目。

监理工程师所发指示包括协议、批准、授权、签证、决定、要求、决议、解释、指令、通知、命令、准许、拒绝、请求。监理工程师根据合同规定所发出的指示，承包商要遵守。指示可以是口头的，但是监理工程师需要尽快书面确认。

监理工程师具有业主代表这一重要角色，这对承包商来说，如果监理工程师失误，意味着业主负直接责任，这也可以视作对监理工程师的保护。监理工程师的责任则由业主根据咨询合同来追究。

监理工程师可以随时任命代表来行使自己的职责。监理工程师需要通知承包商该代表的权限及工作期限。如果承包商合理地反对该代表，则监理工程师应该中止该代表的工作。

3) 设计—施工管理模式中监理工程师对工程项目的实施进行全程管理。在设计—施工管理模式中，主要参与方相互之间的关系如图3-4所示。

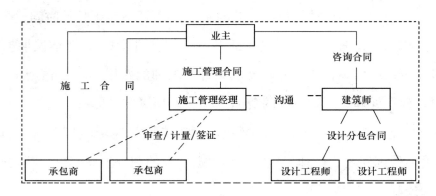

图3-4 设计—施工管理模式

在设计—施工模式中，建筑师提出设计概念和运行要求，组织招投标、评标，向业主推荐中标单位，并协助签订设计施工合同。施工期间，承包商可以依靠自身的力量完成设计和施工。承包商也可以就设计工作与做前期咨询工作的设计人员签订设计合同，这属于合同转交（NOVATION）的方式。在此情况下，设计工程师为承包商服务，不再与业主发生关系。施工期间对承包商工作的审查，计量与签证由业主任命的监理工程师完成。监理工程师的职责与在传统模式2中一致。

(4) 日本。 日本政府在公共工程中大量引进民间资本，从过去的BOT模式延伸出多种"公私伙伴关系"（PPP）的模式，比较有代表性的有设计—建造模式、设计—建造—运营模式和PFI模式。虽然日本流行的工程项目管理模式多样，但在这些模式下，咨询工程师均有两个显著的共同特点。

1) 咨询工程师仍处于从属地位，从日本工程建设体系的发展来看，建筑业的参与方从"单方（业主）"逐步转变为"双方（业主—承包商）"，正处于向"三方（业主—承包商—咨询）"的发展过程中，咨询工程师在现阶段还处于从属地位。日本咨询工程师的作用主要表现在：第一，提供立项支持，包括立项调查、项目评估、环境影响评价、举办听证会等；第二，配合业主对初步方案进行成本评估和审查，帮助业主完成发包业务的各项手续等；第三，在施工过程中发挥设计监理者和施工管理者的作用，例如在设计—建造模式中审核图纸，核对设计成果，审核和评价技术报告书；在施工过程中进行设计管理、施工监理，根据业主要求实施设计变更等；第四，在设施运行阶段对固定资产进行管理和评估、提出设施有效利用方案等。

2）咨询工程师充当设计和监理两个角色，日本建筑基准法和建筑士法均明确规定了政府工程由政府官厅营缮局直接进行监理，私人业主进行工程建设必须委托有资格的建筑士（建筑师）担任工程监理，否则工程不得进行。在日本的标准建筑合同中，建筑师被称为监督人（Supervisor），有关建设法规还明确规定了监督人的主要义务是站在公正的立场上监督施工是否按设计图纸进行。此外，工程监理的任务通常都由工程设计方担当，从事设计的建筑士事务所成立后自动取得从事监理业务的资格，无须另行批准。在日本，除了从事工程设计、监理业务的建筑士事务所以外，基本没有专门从事监理业务的监理公司。由此可见，在日本的工程项目中，咨询工程师既要承担设计任务又要承担施工管理的任务。

（5）新加坡。 新加坡的工程监理模式主要是依据新加坡建筑控制法（Building Control Act）实施的，具体模式如下：

①由部长任命一名建筑管制专员（Commissioner of Building Control）作为建筑控制法的执行者，并在政府公报上进行公告。

②拟建或在建建筑项目的所有者，即业主，委托一名由建筑管制专员批准注册的特许审核员（Accredited Checker）对图纸和计划进行审核。

③委托一名取得注册资质的人员（Qualified Person）连同由该人员任命的现场监理员（Site Supervisor）一同对建筑项目的施工过程进行监理。

1）采用一个独立的特许审核员（Accredited Checker）负责对项目的设计阶段进行审查。

设计对工程质量有着至关重要的影响。1986年新加坡新世界大酒店倒塌，造成重大人员伤亡，其主要原因就是对设计把关不严，采用了不合格的设计。据此新加坡的建筑主管部门建议采用一个独立的特许审核员（Accredited Checker）负责对项目的设计进行审查。

特许审核员的职责主要包括按相关法规审查业主以及取得注册资质的人员向建筑管制专员提交的详细结构图纸和设计计算，并为通过审查的图纸和计划颁发证书以证明图纸和计划中所包括的施工工序等内容符合相关规定并且无缺陷存在。

2）委托一名取得注册资质的人员（Qualified Person）连同由该人员任命的现场监理员（Site Supervisor）一同对建筑项目的施工过程进行监理。

取得注册资质的人员的职责包括：①采取一切必要的措施并以应有的精心，对施工过程进行监督和检查，以确定施工是按照建筑控制法、建筑条例以及批准的计划和图纸来实施；②在现场监理员不在场的情况下，对于浇灌混凝土、打桩、预应力以及其他的关键施工程序随时进行"即时监理"（immediate supervision）；③对于施工过程中任何违反建筑控制法或者建筑条例的情况向建筑管制专员汇报；④在现场保留一套完整的文件、书籍和记录；⑤在规定的时间内向建筑管制专员提交建筑条例中所规定的报告和证书；⑥如果工程停工超过3个月，通知建筑管制专员；⑦向现场监理员和建筑商提供经建筑管制专员批准的建筑工程实施计划。

现场监理员的主要职责是：①采取一切必要的措施和以应有的精心对项目的结构部分实施全职监理；②对施工中关键的结构工作，包括浇灌混凝土、打桩、预应力等以及其他关键的施工工序实施即时监理。现场监理员应确保这些结构部分和关键结构工作符合注册资质人员提供的建筑工程计划和相关规定的要求。

（6）香港。我国香港特区的工程项目管理体系，总的来说，是基于完善成熟的市场环境、健全严格的司法体制、高效廉洁的政府部门基础之上的，公平、公正、透明、有效、各个环节相互制约的一套完整的体系。

1）香港常用的工程项目管理模式多种多样。

① 传统模式：在该模式中，业主（政府部门或私人业主）通常会委托工程师（土木工程）或建筑师（房屋建筑工程）进行工程的设计并负责项目的管理，包括编制招标文件、选择承建商、管理项目的实施。

② 项目管理模式：项目经理有决策和协调的职能，受业主委托全权管理项目的实施。而通常业主同承建商和设计咨询工程师单独签订合同。

③ 管理承包模式：与项目管理模式的区别在于业主与所有分包商签订合同，同时聘用管理承包商负责项目管理。

④ 设计—建造模式：业主聘用专业顾问制订工程要求说明书，将工程的设计及建造交给同一个承建商，通常承建商也会另聘其他专业顾问公司参与项目的设计，而业主的专业顾问会对承建商的设计进行检查。

除上述模式外，定期合同（Term Contract）也是香港比较常见、比较有特色的一种模式，是指在一段时间或期限内完成某一确定范围内工程的合同。在规定的期间内，承包商随时接受指令以完成所有工程。通过采用此种模式，可以把一段时期内的零星工程（数量一般尚不明确）打包，交给同一承建商实施。

另外，还有 BOT、PPF（Public Private Funding）、Partnering 等其他模式。

2）咨询工程师全面监控和管理项目。无论是传统模式，还是项目管理模式，咨询工程师都扮演了极其重要的角色，其所承担的职责要远远大于我国的监理工程师。如前所述，咨询工程师除了承担项目的设计外，通常还要接受业主的委托管理项目的实施，从工程进度、成本到质量和安全，全面监控和管理项目。在香港，绝大部分公共工程的咨询工程师（顾问）都是通过公开招标外包给专业咨询公司，只有建筑署和房屋署所辖少量的工程由自己内部专业人员负责项目的设计和管理工作（大约 30%～40%），主要是因为这两个部门传统上雇用了较多的专业人员。实际上，是否外包完全取决于该部门是否有能力独自承担该项工程的设计和管理。

3) 从事工程咨询的业务需取得如 HKIA、HKIS 及 HKIE 等专业学会会员资格。社会注册制度为保证专业人员的素质提供了第一道保障。在香港，通常只有取得专业学会会员资格，如 HKIA、HKIS 及 HKIE 等，方可从事工程咨询的业务。这些学会都有严格的准入制度和会员管理制度，从而根本上保证了从业人员的高素质。经过多年的发展和积淀，这些专业组织在香港建筑业界享有很高的声誉。另外，政府注册制度又使得专业人员的责任更加清晰，按照《项目管理手册》的规定，设计图纸等重要文件必须由政府注册专业人员签字，并对所认可文件承担责任。

4) 列入名册的咨询机构方可承揽公共工程的咨询业务。政府部门对于从事工程咨询业务的机构实行名册管理制度。只有列入名册的咨询机构方可承揽公共工程的咨询业务。工务部门及房屋署按照各自对咨询机构要求的不同审查其入册的资格，主要是专业人员的数量和过去的业绩。

5) 业主对咨询工程师的授权明晰，管理到位。传统模式中，业主通过与咨询工程师签订合同，将项目的日常管理职能全部委托咨询工程师执行，业主实际上是通过管理咨询工程师来管理承建商的。除了咨询服务合同和工程承包合同中对咨询工程师权限和职责的规定外，《项目管理手册》对咨询工程师如何管理项目作了极为详尽的规定。除保证项目的进度和质量外，咨询工程师的其他重要工作还包括监控项目成本、确保工程造价在合同价格之内（主要由工料测量师负责，每月准备财务报告书给业主）、工程的安全管理以及确保工程实施过程中符合当地的法律法规，如环保、劳工等方面的要求等。

6) 香港建筑业推行伙伴关系管理模式。伙伴关系在香港有序推进。香港已有许多项目实施了伙伴关系，主要采用举办讨论会的方式。粗略估计，实行伙伴关系的在建项目个数约占总在建项目 10%（按现有在建项目总数 600 个估计），主要以政府投资的公共项目居多，私人项目很少。政府业主和私人业主在推行伙伴关系方面非常理智，采用少数项目试行的方式，总结与比较成效,再逐步推广。

伙伴关系对于改善项目参与方的合作关系有显著效果。实行伙伴关系的出发点是消除业主和承包商之间的对抗关系,改善沟通,增强合作,减少工程争端和索赔。从香港实施的案例分析,对于改善项目各方合作关系,加强沟通方面,效果非常显著。尤其是改变以往通常只有合同双方进行沟通的情况,项目多方可以一起进行沟通协商。但是从质量、工期、成本、安全、环境等绩效方面与一般项目比较,个别项目有明显改变,大部分项目改变不大。一方面可能因为香港大部分已建成项目在成本、进度、质量控制已经做得比较好,另一方面说明伙伴关系可能不是影响项目绩效的关键因素。

伙伴关系的实施需要上下游组织共同合作。在传统的建筑业市场,由于资金的流向及采用竞争性投标等原因,业主或者其他处于资金链上游的组织通常占优势地位。但是由此带来了承包商恶性竞争,低价中标、高价索赔,业主承包商关系紧张等问题。为改变这种状况而实行的伙伴关系主要应该由业主推动,同时需要各方的积极参与和承诺。业主及其他处于上游的组织应该更多地从长远利益出发,以平等的态度邀请下游组织相互沟通与合作。

在香港,伙伴关系属于"锦上添花"的措施。香港法律制度完备,项目监控有力,大部分工程项目实施良好,符合预算和工期要求。实施伙伴关系主要在于增强项目各方的互相沟通和合作。伙伴关系的实施应该强调两个层次:在文化、理念和管理策略方面,提倡信任合作和长远的利益;在事务操作上,各方的责任和义务首先是以合同为基础的,各方并没有因此而模糊或者推卸自己的责任。在此基础上,各方从项目整体利益出发,更多地出谋划策。这种投入按照伙伴关系规章应该是有明确回报的。

(二)我国工程监理与国际工程咨询的差异

我国工程监理制度的设立既是改革开放的需要,也是对过去几十年计划经济的弊端进行反思的结果,其目的就是要适应市场经济发展的需要,实现监理服务的专业化和社会化。工程监理最初的制度设计则主要借鉴国际工程咨询的基本模式。但是，从我国推行工程监理制的实践历程来看，国际上普遍应用的工程咨询基本模式并没有在国内得到较好的推广，工程监理制设立的基本目的没有完全实现，甚至出现了与该制度设立初衷渐行渐远的趋势。从目前现状来看，我国工程监理与国际工程咨询的差异主要表现在如下方面。

1. 工程监理制度设立

（1）国际工程咨询范围宽于我国工程监理。国际工程项目建设，从项目前期策划到项目的竣工完成，根据业主需要，可能会将整个过程都委托工程咨询公司或个人进行全方位的项目管理，项目策划、项目实施以及项目运营等阶段都有工程咨询公司的参与，因此，工程咨询的范围是比较宽广的。业务承揽方向业主提供的服务除施工承包、物资供应以外都可归入工程咨询范畴，工程设计也属于工程咨询范畴。而在我国，由于过去管理体制上的条块分割，习惯上把项目前期的项目建议书和可行性研究等工作称为工程咨询。工程咨询按项目全寿命期可划分为前期决策阶段、项目实施阶段和生产（运营）阶段，每个阶段又包含不同的咨询内容。工程咨询按其提供服务的性质可划分为工程技术咨询和工程管理咨询两大类。工程技术咨询包括勘察、规划、设计以及设计审查等；工程管理咨询可以概括为工程项目管理，其工作内容包括项目前期策划，以及项目设计过程、招标过程以及施工过程的项目管理。

我国除属于国家发展和改革委员会管辖的决策阶段工程咨询以外，属于国家建设主管部门以及相关部委管辖的项目实施阶段的工程咨询类服务分得比较细，有工程监理、招标代理、造价审计等，目前又试点工程代建制、项目管理。另外，业内人士在工程咨询与部分工程承包模式概念上认识比较模糊，比如施工总承包管理（MC）模式、CM承包模式等与工程咨询混淆不清。

工程监理是在我国建筑业管理体制改革发展到一定阶段的产物，国际上没有与监理完全一致的概念。在我国，工程监理的概念比工程咨询、工程项目管理都要明确得多，因为政府将工程监理作为一项制度强制推行，并颁布了有关法律、法规，对监理的概念、内容、性质、细则以及合同标准文本等都作了详细和明确的规定。工程监理从总体上可以定性为一种特殊的工程咨询，从性质上来说，工程监理属于工程咨询的一部分。但客观现实是，我国的工程监理与国际工程咨询相比，服务范围过于狭窄，主要局限在施工阶段。从国家设立工程监理制度初衷来看，工程监理单位应对工程进行全过程管理。但实际情况是我国工程监理企业的大部分工作仅仅限于施工质量管理，对设计管理、投资控制、进度控制、合同管理、项目运营等涉及很少，工程监理单位一般也不参与项目前期策划。很多项目是在施工招标工作已经结束、选择好施工单位后再委托监理单位，这些重要的项目管理工作由业主另外聘请相关专业人员进行管理。总体上说，我国特定的经济形式和制度推出的切入点（注重强调施工阶段的监理）以及国家行政管理条块划割等的影响，使得工程监理逐渐偏离全过程项目管理的方向。其介入前期工作无论从深度和广度都十分有限，主体工作停留在施工阶段质量管理，如图 3-5 所示。

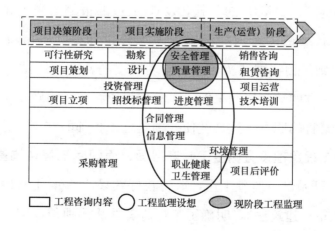

图 3-5　工程咨询与工程监理服务内容对比

（2）国际工程咨询的工作原则比我国工程监理更为合理。《建设工程监理规范》要求工程监理单位公平、独立、诚信、科学地开展建设工程监理与相关服务活动。但在实际工作中要做到完全的"公平、独立"是比较困难的。事实上，工程监理企业根据建设单位的委托，在建设单位的授权下开展工作，在处理工程变更、索赔等事项时，工程监理单位势必是以维护建设单位的利益为出发点；而另一方面，工程监理单位会受到外界的种种干扰，如建设单位、上级主管部门、政府主管部门等，许多监理工程师处理事务时都有一种处在"三夹板"中的感觉。再者，我国许多大型工程监理企业基本都是国有企业，是从各自行业系统中的设计院或其他企业中分离出来的，计划体制的某些作风依然会影响工程的实施。

从1957年国际咨询工程师联合会（FIDIC）发布著名的红皮书《土木工程施工合同条件》第一版以来都保持了一个重要的原则，要求（咨询）工程师"公正"（impartiality），即不偏不倚地处理合同中的有关问题。这一原则构成了工程咨询的一个重要性质，成为FIDIC的基石之一。然而，在最新版（1999年第一版）的《施工合同条件》中，（咨询）工程师公正性的要求不复存在，而只要求"公平"（Fair），（咨询）工程师是接受雇主报酬负责履行合同管理的受委托人（新白皮书第5款说明，"作为独立的专业人员，根据自己的技能和判断工作"）。他不充当调解人或仲裁人的角色，在通用条件内增加了"争端裁决委员会"（DAB）的条款，DAB成员的报酬由雇主和承包商平均分担，因此，DAB成员的行为和决定应遵循公正和独立（Impartial and Independent）的原则。而我国在实行工程监理制度的初期，还试图通过采用该制度引入监理第三方的约束机制来解决工程建设中存在的腐败现象，监理工程师似乎还兼有检察官的职责，这样就使我国监理工程师的作用更趋复杂化。

(3) 我国工程监理设置侧重于制度层面，而国际工程咨询基于市场需要。我国自1988年开始试点监理工作，取得较好效果。1996年开始在全国全面推广，1997年颁布《建筑法》，明确了工程监理的法律地位，国家通过立法和行政两种手段强制推行工程监理制，在较短时间内取得了明显效果，基本满足了工程建设规模快速扩张的需要。

与我国工程监理制度的快速设立不同，国际工程咨询业发展大致经历了三个阶段：一是个体咨询，二是合伙咨询，三是综合咨询。第二次世界大战以后，工程咨询业发生了三大变化：从专业咨询发展到综合咨询，从工程技术咨询发展到战略咨询，从国内咨询发展到国际咨询，并出现了一批国际著名的工程咨询公司。与我国工程监理完全不同的是，国际工程咨询的发展完全是建立在市场发展的基础上的，咨询业生存发展的基础是国际工程对高技术服务的巨大市场需求，背后并不需要政府推动，更不是一种国家制度。

2. 工程监理法律体系

（1）我国工程监理法律侧重于对企业的约束，国际工程咨询法律侧重于对个人的约束。我国自1988年推行工程监理制度以来，工程监理法律、法规体系框架已基本形成。第一，《建筑法》的颁布，明确了工程监理的法律地位，随后出台的《建设工程质量管理条例》和《建设工程安全生产管理条例》进一步确定了工程监理在质量管理和安全生产管理方面的法律责任和义务。第二，为了规范工程监理行为，保障工程监理的健康发展，建设部先后出台了《监理工程师资格考试和注册办法》、《工程监理企业资质管理规定》等部门规章，明确规定了工程监理企业和监理人员开展监理业务应具备的资质和资格条件，确定了工程监理企业从事监理业务的市场双重准入制度。第三，《建筑法》明确说明了我国实行强制监理制度，原建设部于2001年颁布了《建设工程监理范围和规模标准规定》，更加明确了强制监理的工程范围。第四，国家颁布了《招标投标法》、《招标投标法实施条例》、《工程建设项目招标范围和规模标准的规定》等法律法规及规范性文件，以规范工程监理采购行为，保证工程监理有序竞争。第五，初步形成了监理取费的价格体系。国家发展改革委、原建设部联合颁布的《建设工程监理与相关服务收费管理规定》，为指导建立工程监理市场价格标准奠定了基础。这些法律法规及规章制度形成了我国工程监理法律体系，为工程监理工作提供了法律保障。虽然我国有关工程监理的法律框架已初步建立，但这些法律规章也存在相当不完善的地方，与国际咨询业惯例有相当大的差距。例如，我国工程监理相关法规仅笼统地规定，工程监理的内容包括控制工程建设的投资、工期、质量以及进行合同管理，而缺乏对其进一步细化的详尽法律规定，尤其关于监理人员如何控制工程投资、进度、合同管理以及应赋予监理工程师哪些工程管理权力等方面的法规更加粗略，有的方面甚

(2) 我国工程监理相关法律对工程监理单位的安全生产责任不明确。 目前，我国对监理工程师是否应该承担现场安全生产责任存在争议。《建筑法》对监理工作内容的界定是施工阶段的工期、质量和进度的控制、合同管理及信息管理，还有参建各方之间关系的协调。没有明确工程监理单位对安全生产负责，换句话说，就是工程监理单位无须对安全生产负责。《建筑法》第四十三条规定："建设行政主管部门负责建筑安全生产的管理，并依法接受劳动行政主管部门对建筑安全生产的指导和监督。"第四十五条规定："施工现场安全由建筑施工企业负责。"由此可见，施工现场的安全工作由施工企业负责；安全管理工作由建设行政主管部门负责，监理方并无安全方面的责任。可是《建设工程安全生产管理条例》第十四条又明确规定："监理单位和监理工程师应当按照法律、法规和工程建设强制性标准实施监理，并对建设工程安全生产承担监理责任。"可见，监理单位对安全生产负有责任。监理工程师及监理单位到底应不应该对安全生产负责，不同法律和法规的说法不一。

经过多年的发展，美国建筑业中工程项目安全管理以及对事故责任的分担已形成相当成熟的方法和制度体系。按照美国惯例，承包商要对工地现场的安全完全负责；美国通过强制购买保险和对保险费率的调节，将安全管理与承包商的经济利益紧密联系；在美国的社会福利与税收制度下，政府能够追踪每个人的就业、收入、医疗、保险情况，对每个雇主的雇员，包括临时雇员也都有完整的记录；如果要求监理工程师承担额外的安全事故责任，就应建立相应的职业责任保险制度，以帮助监理工程师转移风险。

3. 工程监理市场体系

(1) 国际工程咨询行业进入门槛高于我国工程监理。 从行业进入门槛来讲，我国监理单位的进入门槛低，同质化竞争十分严重。从市场准入来看，2007年《工程监理企业资质管理规定》颁布实施，对工程监理企业资质等级和业务范围、资质申请和审批以及监督管理作出了规定。《工程监理企业资质管理规定》的出台规范了监理企业的准入标准。从监理工程师准入来看，根据我国对监理工程师业务素质和能力的要求，对参加监理工程师执业资格考试的报名条件从两方面作了规定：一是要具有一定的专业学历；二是要有一定年限的工程建设实践经验，并具体要求报考人员应取得高级专业技术职称或取得中级专业职称后具有三年以上工程设计或施工管理实践经验。

而国际咨询工程公司由于专业化分工程度高，进行的是差异化竞争，同时，其行业进入门槛完全是由市场形成而得到认同的，一个知名企业往往有上百年的历史。咨询公司不仅在工程设计、工程质量等技术方面，并且在工程策划、资金管理、工程合同管理以及工程信息管理都可以给业主提供咨询建议，因此，对工程咨询师的知识和能力要求也是很高的。

（2）我国工程监理市场对外开放程度较低。工程监理制推行初期，我国政府对外国监理企业在中国设立商业存在的限制非常严格，不允许成立独资的监理企业，也不允许外国监理企业在华设立分支机构；而另一方面，外国监理企业不需要在我国设立商业存在即可以母公司的名义从事监理服务。对进入我国的外国监理企业，其提供服务的范围是受到严格限制的，一般情况下，只允许其承担外国独资、外国贷款项目，且必须和中国的监理企业合作进行监理，中外合资的建设项目只允许外国监理企业提供顾问、咨询等服务，由我国投资的项目不允许外国监理企业参与。直到2007年《外商投资建设工程服务企业管理规定》颁布施行后，外商投资才得以开展包括建设工程监理、工程招标代理和工程造价咨询在内的建设工程服务，尽管不允许设立外国独资监理企业的限制已不存在，但由于文化差异、经营理念差异、地域保护等原因，国内工程监理市场对外开放程度仍然较低，外商投资的建设工程服务企业进入中国市场的规模仍然十分有限。

（3）我国工程监理更强调企业资质管理，国际工程咨询更强调执业人员管理。根据《工程监理企业资质管理规定》，为了充分发挥各级主管部门的积极性，我国工程监理单位的资质管理体制确定的原则是"分级管理，统分结合"。我国工程监理单位资质管理分中央和地方两个层次。在中央，由国务院建设行政主管部门负责全国工程监理企业资质的归口管理工作，国务院铁道、交通、水利、信息产业、民航等有关部门配合国务院建设行政主管部门实施相关类别工程监理企业资质的管理工作。在地方，由省、自治区、直辖市人民政府交通、水利、通信等有关部门配合同级建设行政主管部门实施相关资质类别工程监理企业资质的管理工作。

而对于国际工程咨询，基于工程咨询提供的是智力服务，对执业人员素质要求高，应具有一定的知识结构、专业技术、实践经验和策划能力。因此，国际工程咨询业一般不对公司进行资质认证，只对执业人员进行个人资质认证。只要具有一定数量的高级执业资格的人员，即可到政府部门注册登记公司。因此，国际工程咨询业对人员的管理较严，具有执业资格注册证书的人，才可以从事工程咨询工作。对不具备执业资格的一般从业人员，其咨询报告必须要有执业资格人的签字。执业资格申请，一般应具有政府承认的学士以上学位和一年以上的工作经历。获取执业资格要通过资格审查、执业资格考试和注册登记三道手续。工程咨询执业资格考核考试内容包括工程设计、土木构造、选址等专业知识和法律、税务、会计等相关知识。工程咨询公司都有完整的人员聘用、考核和培训计划。

(4) 我国工程监理取费明显低于国际工程咨询。我国现行的监理收费标准是2007年修订之后的，相比于1992年的取费标准，新标准适当考虑了一些新情况、新变化，但是近几年来经济迅猛发展，物价大幅度上涨，企业经营成本增加，监理工作强度加大，设计、勘察等相关行业的取费标准均已上调，而监理取费标准相对于这些行业仍然存在较大的差距，以致监理工程师的收入只是设计人员的1/3甚至1/4。国际咨询工程师由于提供的是高智商服务，因此，其收入也是相当高的，与国际上会计师、律师等高收入专业人士的收入不相上下，而我国工程监理单位却普遍收费较低。业主委托监理是迫于制度压力而非其真实需求，再加上监理市场"僧多粥少"，各监理企业恶性竞争造成企业收入较低。相比于房地产企业、设计院等，监理企业效益是最差的，这必然导致监理企业留不住高级人才。

(5) 我国工程监理行业诚信体系建设落后于国际工程咨询行业。由于在实际操作中，对资质审查不严，导致不合格监理企业比重大，资质挂靠、出卖资质、非法转包现象屡禁不止。而国际工程咨询企业，清楚地将自己定位为一种依托信息、技能和经验为建设工程项目提供信息、数据、分析和决策的智力密集型服务业，业务范围几乎覆盖了整个项目建设周期，其诚信一旦缺失将对整个行业、甚至相关产业链产生不可预估的破坏。因此，国际工程咨询企业和个人都十分重视诚信问题。

(6) 国际工程咨询行业协会影响力远远大于我国工程监理协会。中国的工程监理行业协会，是从事工程监理的各类企、事业单位自愿组成的行业社会团体，协会在政府和会员单位之间起桥梁纽带作用，贯彻执行政府有关法规、方针、政策，接受国家建设主管部门的指导，引导会员遵循"公平、独立、诚信、科学"的职业准则，参与制订本行业政策、法规。

国际上政府对咨询业的管理是实行宏观调控、行业协会微观约束的体制。政府参与管理主要是制定咨询业的总体规划；制定与咨询业有关的法律、政策和标准，以合同方式促进政策的实施。但政府不直接管理部门，是靠自律性行业协会规范执业人员和公司的行为。行业协会，一方面代表咨询机构和咨询者个人利益，负责同政府及有关团体联系。另一方面将政府的法规、政策转化为具体的规范性文本和方法，用以约束会员行为。自律性行业协会，大都有很高的声望和权威，入会是咨询机构或咨询工程师身份和信誉的一种体现。如国际咨询工程师联合会（FIDIC）、美国建筑师联合会等。国际咨询工程师联合会是国际工程咨询业最具权威的自律组织，成立于1913年，现有70多个国家和地区成员协会，所制定的职业准则及各种规范性文本，在国际工程承包、国际工程咨询和监理等业务活动中已被广泛应用。

4. 工程监理企业规模与实力

(1) 我国工程监理企业规模与发达国家工程咨询企业缺乏可比性。由于国内监理企业以工程监理为主营业务，经营范围单一，规模和实力均难以拓展，与国外同样开展咨询服务的大型咨询企业难以进行规模上的类比。例如，2012年全国工程监理企业的工程监理平均收入仅为1139.93万元，收入超亿元的工程监理企业84家，这些工程监理企业与国际知名咨询公司相比，无论规模还是实力均相差悬殊。例如，《美国工程新闻记录》（ENR）1999年世界200家顶级工程咨询公司排名中，美国占92家，其年营业额占200家企业总营业额的43.9%，英国12家，占15.7%。

（2）我国工程咨询企业国际竞争力与发达国家相比差距很大。国际工程咨询市场国际化程度较高，尤其是加入WTO的国家，服务范围是全球化的，可以承揽境外工程咨询业务。国际工程咨询市场竞争比较激烈，但主要以发达国家的公司为主，如美国、英国、荷兰等。我国工程咨询企业的业务主要集中在国内，国际市场比较少，综合实力不强，竞争力比较弱。此外，我国工程咨询公司大多是专业性、行业性、地区性的咨询公司，企业规模比较小；一些较大的工程咨询单位发展定位不清晰，盲目追求小而全、大而全，没有形成自己的核心竞争力，大型的综合性品牌咨询公司几乎没有。据ENR统计，世界200强国际工程咨询设计商中，2006~2009年我国排名在前50强中的，仅有中国成达工程公司1家，而美国分别为21家、22家、20家、19家；2010年我国排名在前50强的仅有中国成达工程公司和中国石化工程有限公司2家，而这些企业均以工程设计为主要业务。可见，我国工程咨询企业国际竞争力明显较弱，与发达国家相比差距很大。

5. 咨询（监理）机构工作方式与手段

（1）国际工程咨询机构注重提供建议和项目管理并行，我国项目监理机构局限于施工阶段监督管理。国际现有的工程咨询主体包括咨询工程公司、咨询合伙人公司和独立咨询工程师，各种咨询机构的工作方式都不尽相同。在FIDIC合同条件的规定中，工程咨询机构的工作方式是通过向业主提出建议，对项目的全生命周期进行全方位管理。工程咨询机构是业主方管理工程项目的具体执行者，按照业主和承包商签订合同中对于工程师职责和权限的规定来履行其职责，负责解释合同条件，以及对承包商的工作进行监督、督促和检查，以确保合同目标的圆满实现。其行为在规定权限内的决策有一定的权威性。

相比之下，虽然工程监理制度在我国发展已有25年的历史，这项制度引入之初，基本构想是在工程建设的全过程、全方位实行工程监理，包括项目建设的前期阶段、设计阶段、招投标阶段、施工阶段和工程保修阶段。但是目前，监理单位在工程项目前期的可行性研究、设计阶段开展监理工作不多，工程监理主要集中于施工阶段，内容多侧重于工程质量控制和安全生产管理，远未充分发挥工程监理的应有作用，这有违实施监理之初衷。现阶段我国监理机构的工作方式与国际相比还有很大差距。

(2) 国际咨询机构工作方法具体、可操作，我国工程监理片面强调"旁站"等现场监督。FIDIC"新红皮书"中，对咨询机构开展合同管理、进度管理、质量管理、造价管理以及职业健康卫生、安全环保管理的方法都有相应的描述。例如针对质量管理，咨询机构需要帮助承包商理解设计图纸，发出图纸变更令，处理因设计图纸供应不及时引起的索赔，审查批准合同中规定由承包商设计的图纸。监督承包商认真贯彻执行合同中的技术规范和图纸要求，及时检查工程质量，特别是基础工程和隐蔽工程，检查试验成果和验收，对设备安装和材料质量也应进行检查和验收。而我国施工监理的方法有：①各级监理人员坚持记监理日志；②建立完善的工作协调会议制度；③建立定期及不定期工作报告制度；④建立健全质量监督；⑤利用动态控制原理控制工程进度和投资；⑥充分利用计量支付权力，加强工程质量及投资控制。从这些方法的描述上可以看出，国际咨询机构的工作更强调与承包商、业主之间的协调合作，而我国监理的工作方法更强调依靠监理机构自身开展工作。

近年来，有关部门过分强调"旁站"和"安全生产管理"，进一步弱化了监理职能，僵化了监理企业的工作方式和方法，使监理的路越走越窄，逐渐背离所设想的与国际惯例接轨的理想状态。这种情况不利于工程监理企业和监理行业的长远发展，也不适应客观经济环境的要求。

6. 监理工程师的知识结构与能力

(1) 我国工程监理领域的人才结构不合理。在发达国家，工程咨询历史已相当长，工程咨询业也被视为高智能型服务业，咨询工程师学历普遍较高。发达国家工程咨询公司的项目管理人员70％以上具有硕士、博士学位，而具有高技术职称的人员（相当于我国的教授级高工）所占比例高达30％～40％，而且他们精通法律、善于管理、拥有技术专长、具备工程施工安装等各种专业知识，能进行经济技术分析。许多著名的咨询企业大部分员工具有硕士、博士学位，如美国兰德公司，在547名工程咨询人员中，有200名博士、178名硕士。而我国监理从业人员中具有高学历的人数不多，据2004年的统计数据，取得博士和硕士学位仅占1.42％，主体力量为取得大专和本科学历人员，占73.5％。相比之下，2012年我国82万监理从业人员中，具有高级职称的人员只有11万，仅占13％。另一方面，我国监理行业的临时聘用人员过多，2012年，临时聘用人员达18万，占监理从业人员的比例甚至超过了20％。

(2) 我国监理工程师知识结构不如发达国家咨询工程师完备。国际上咨询工程师不仅学历普遍较高，还比较重视在职咨询人员的培训，尤其是复合型人才（既懂技术又知晓经济、法律、管理的人才）的培训，因此，每年需要投入较大的费用用于人员培训，以提高咨询水平。而对比我国工程监理人员，学历普遍较低，知识结构单一，缺乏经济、法律、管理方面的知识，无法满足业主对项目实施全方位管理的需要。现有项目管理队伍的人员结构中，不是年长的退休人员就是刚毕业的大学生，缺少年富力强、实践经验丰富的中青年工程师。退休人员有着丰富的工程经验，但学习和接受新知识的劲头不足，在体力上也难以适应高强度的智力和体力劳动；年轻人虽有活力有理论知识，但缺乏工程实践经验。由于传统的教育方式，我们许多受过高等教育的人往往只精通本专业，对相关专业及其他知识则知之不多，缺乏复合型人才。由此可见，我国监理工程师的知识结构远不如发达国家完备。

(3) 我国监理工程师综合实践能力比较欠缺。国际咨询企业十分重视咨询人员的综合实践能力，许多国家都要求咨询人员必须在设计和施工企业工作一定的年限，才能获得咨询工程师的资格。如英国咨询工程师协会规定入会的会员年龄必须在 38 岁以上，新加坡要求工程结构方面的咨询工程师必须具有 8 年以上的工程设计经验。相比之下，尽管我国也十分重视监理工程师的实践经验，但即便是工作多年的监理工程师，也往往缺乏合同、设计等方面的知识和实践经验，综合能力相对欠缺。

四、工程监理制度实施中存在的主要问题及原因

（一）工程监理制度实施中存在的主要问题

1. 工程监理的定位和职责不够明确

（1）对工程监理的定位认识不清。根据《建筑法》、《建设工程质量管理条例》、《建设工程安全生产管理条例》及《建设工程监理规范》（GB/T 50319—2013），工程监理是指"工程监理单位受建设单位委托，根据法律法规、工程建设标准、勘察设计文件及合同，在施工阶段对建设工程质量、造价、进度进行控制，对合同、信息进行管理，对工程建设相关方的关系进行协调，并履行建设工程安全生产管理法定职责的服务活动"。这一定位不仅强调了工程监理的委托性质，而且强调了工程监理的"三控制、两管理、一协调"工作，同时也明确了工程监理单位需要履行建设工程安全生产管理的法定职责。

然而，当前对于工程监理的定位仍然存在认识上的偏差，甚至一些政府职能部门在制定相关政策性文件时，也出现了与法规、规范矛盾、定位含混不清的现象。有人认为工程监理单位是建设单位的受托人，过分强调工程监理的受托特性，强调为建设单位服务，强调根据建设单位的委托和监理费用的高低决定项目监理机构的服务内容，不愿承担法定的安全生产管理职责；有人（尤其是一些行政管理人员）则认为工程监理单位是独立、公正的第三方，应当对工程质量和安全生产管理承担较大责任。有人认为监理主要履行项目管理职责；有人则认为工程监理单位主要承担工程质量、安全生产管理职责，尤其是施工阶段的工程质量、安全生产管理职责。有人认为工程监理

单位应当提供智力密集型、技术密集型服务，有人则认为工程监理单位主要承担施工质量、安全生产旁站职责。

对工程监理的定位认识不清，一是由于新的监理规范、新的监理合同示范文本颁布不久，认识和落实工程监理定位需要一个过程；二是新规范和新的合同示范文本更多影响的是工程监理行业内部，对政府有关部门和建设单位的影响较小；三是我国仍未出台专门的工程监理法律法规。因此，在工程建设领域统一对工程监理的定位和认识可能还需要较长时间。

（2）工程监理责权不对等。《建设工程安全生产管理条例》、《建设工程质量管理条例》均规定了工程监理单位的相关责任。虽然在我国已颁布的有关工程监理的法律法规中赋予了工程监理单位可以行使的权力，但存在工程监理单位的权力不明确、责权不对等的现象，工程监理单位往往要承担法律条文或者委托合同之外的责任，使得政府、项目相关者甚至工程监理单位自身无法准确认识工程监理职责。

在实际监理工作中，一方面，工程监理单位的权力往往得不到保证。由于建设单位行为不规范，建设单位基于各种理由不赋予工程监理人员足够的权力，使得工程监理工作无法有效开展。许多建设单位名义上将工程监理的"三控制、两管理、一协调"及安全生产管理工作委托给工程监理单位，但工程计量、价款支付、变更审批等权力并没有真正委托给工程监理单位。建设单位也常常越过项目监理机构按照自己的意图直接指令施工单位。没有建设单位的支持和经济权的保障，就使得工程监理单位的许多指令无法贯彻。

另一方面，对工程监理单位法律责任的追究却较为严厉，主要表现在以下两个方面：

其一，监理单位作为《刑法》第一百三十七条规定的工程重大安全事故罪的四个责任主体之一，在发生重大安全事故后，其相关责任人需要承担较大的安全生产责任。而且近年来实践中存在工程监理单位的安全生产管理职责被放大的情况。根据《建设工程安全生产管理条例》（国务院令第393号），工程监理单位的安全生产管理职责主要有四个方面：一是未对施工组织设计中的安全技术措施或者专项施工方案进行审查的；二是发现安全施工隐患未及时要求施工单位整改或者暂时停止施工的；三是施工单位拒不整改或者不停止施工，未及时向主管部门报告的；四是未依照法律、法规和工程建设强制性标准实施监理的。由于法规只是对工程监理单位的安全生产管理职责作了原则上的规定，各地在实际操作中理解和掌握的尺度不尽相同，致使一些地方将监理工程师的安全生产管理职责任意放大，形成了"出问题找监理"的不公平现象。

其二，与施工单位违法处罚相比，对监理单位违法的罚款金额，无论是绝对金额还是相对监理酬金而言都比较高，对施工单位违法的经济处罚过轻。《建设工程质量管理条例》第六十条规定，勘察、设计、施工、工程监理单位超越本单位资质等级承揽工程的，对勘察设计单位或者工程监理单位处合同约定的勘察费、设计费或者监理酬金1倍以上2倍以下的罚款；对施工单位处合同价款2%以上4%以下的罚款。例如1000万元建安造价的工程项目，按照《建设工程监理与相关服务收费管理规定》（［2007］670号）监理费约为30万元，如果出现上述违法情况，工程监理单位应处罚金30万～60万元，而施工单位只要罚20万～40万元，无论是相对值还是绝对值都比施工单位要高；即便监理市场竞争激烈，收费一般达不到国家收费标准，若按比较低的收费15万元计算，也应处罚金15万～30万元，虽然低于施工单位罚金，但是工程监理单位被罚后项目收入为负，而施工单位即便被罚，其成本仍然能完全补偿，甚至还有部分利润。

可见，政府对工程监理单位的要求和期望越来越高，却没有相关的法律保障工程监理单位的基本权利，工程监理行业的责权严重失衡。

(3) 工程咨询行业划分过细导致职责不清。如前所述，工程监理最初的定位是按照国际工程咨询业的方式为工程项目系统、全过程管理提供咨询服务。但在推行工程监理制度之后，陆续出台文件不断分化工程咨询服务的工作内容。1996年建设部《工程造价咨询单位资质管理办法（试行）》（［1996］133号）颁布后，我国对从事工程造价咨询的企业实施资质管理，具有工程监理资质的企业不再具有承担工程造价咨询管理的法定资格；2000年《中华人民共和国招标投标法》实施后，我国又实施了建设项目招标代理制度，分划出了招标代理机构；2004年《国务院关于投资体制改革的决定》（国办[2004]-20号）发布后，又产生了工程代建单位；2005年国家发展和改革委员会颁布《工程咨询单位资格认定办法》（第29号令）后，又产生了工程咨询单位。详见表4-1。

工程监理与招标代理、造价咨询、项目管理、工程咨询工作内容的对比　　表4-1

类别	文件号	工作内容
工程监理	《中华人民共和国建筑法》	第三十二条　建筑工程监理应当依照法律、行政法规及有关的技术标准、设计文件和建筑工程承包合同，对承包单位在施工质量、建设工期和建设资金使用等方面，代表建设单位实施监督
	《建设工程监理规范》GB/T 50319—2013	2.0.2　建设工程监理　工程监理单位受建设单位委托，根据法律法规、工程建设标准、勘察设计文件及合同，在施工阶段对建设工程质量、进度、造价进行控制，对合同、信息进行管理，对工程建设相关方的关系进行协调，并履行建设工程安全生产管理法定职责的服务活动
招标代理	《工程建设项目招标代理机构资格认定办法》建设部令[2007]154号	第二条　是指招标代理机构接受招标人委托，从事工程的勘察、设计、施工、监理以及与工程建设有关的重要设备、材料采购招标的代理业务
造价咨询	《工程造价咨询企业管理办法》[2006]建设部令第149号	第三条　接受委托，对建设项目投资、工程造价的确定与控制提供专业咨询服务的企业
项目管理	《建设工程项目管理试行办法》建市[2004]200号	第六条　（一）协助业主方进行项目前期策划、经济分析、专项评估与投资确定； （二）协助业主方办理土地征用、规划许可等有关手续； （三）协助业主方提出工程设计要求、组织评审工程设计方案、组织工程勘察设计招标、签订勘察设计合同并监督实施，组织设计单位进行工程设计优化、技术经济方案比选并进行投资控制； （四）协助业主方组织工程监理、施工、设备材料采购招标； （五）协助业主方与工程项目总承包企业或施工企业及建筑材料、设备、构配件供应等企业签订合同并监督实施； （六）协助业主方提出工程实施用款计划，进行工程竣工结算和工程决算，处理工程索赔，组织竣工验收，向业主方移交竣工档案资料； （七）生产试运行及工程保修期管理，组织项目后评估； （八）项目管理合同约定的其他工作
工程咨询	《工程咨询单位资格认定办法》[2005]国家发展和改革委员会令第29号	第二条：工程咨询是遵循独立、公正、科学的原则，运用多学科知识和经验、现代科学技术和管理方法，为政府部门、项目业主及其他各类客户提供社会经济建设和工程项目决策与实施的智力服务，以提高经济和社会效益，实现可持续发展

从上表可以看出：

其一，"投资控制"是监理单位的基本职责之一，而造价咨询单位的职责是"对建设项目投资、工程造价的确定与控制提供专业咨询服务"，工程监理单位与造价咨询单位的投资控制的职责重叠。

其二，招标代理机构在招标时已将合同文件确定，将工程量清单与组价原则确定，工程监理单位与招标代理机构的合同管理的职责重叠。

其三，工程监理单位与项目管理单位的投资控制及现场协调管理职责重叠。

其四，工程监理单位与工程咨询单位在"工程项目决策与实施咨询"上职责重叠。

其五，《房屋建筑工程施工旁站监理管理办法》（建市［2002］189号）的发布和实施，削弱了工程监理的高智能服务定位。

众多参与主体的工作范围和工作内容大量重叠，工作深度、责任界限常常混淆。多方中介机构参与管理与控制，在形式上强调互相制约，结果是各方都可以为不尽职、不负责找到开脱责任的理由，导致管理中易出现问题，出现问题却不易追责，推诿扯皮贯穿于工程项目实施全过程。

一系列分化企业资质的管理办法出台，把工程咨询企业的综合实力分解、人才分流，结果是专业技能过分细化，行业划分过细，导致人才集中度不够，大型综合性的监理咨询服务企业成长的空间被限制和制约，工程监理行业中能够真正为市场提供系统、综合工程管理服务的企业太少，远远不能满足经济建设的需要。

（4）个别地方存在工程监理单位被任意强加非法定职责的情况。个别省、市曾出现过开发商卷款脱逃的犯罪案例，当地政府就出台管理规定，要求工程监理单位对商品房预售资金监管。这些规定中明确了工程监理单位的监管责任，但未明确工程监理单位实施监督应具备的权利及利益，未规定明确的程序和操作办法。这些规定的执行形成了工程监理单位接受房地产开发企业的委托进行工程监理，反过来却要监管房地产开发企业资金使用的不合理制度。

有的地方由于施工现场发生过食物中毒事件，地方政府相关管理部门就发通知要求监理人员对施工人员的饮食安全承担监管责任；城市搞卫生运动，地方政府相关管理部门会制订相应的处罚条款，要求监理单位对施工单位的扬尘负责任；整顿治安秩序，会要求监理人员对施工人员的身份进行管理；抓计划生育工作，也会发文要求监理单位对施工现场人员的超生事件负责任。一些行政管理部门不了解工程监理的定位和监理单位及监理工程师的职责，就不断以行政权力给工程监理单位的责任加码，任意扩大工程监理单位责任。

2. 工程监理队伍不能满足监理工作需求

（1）一线监理人员整体素质不高。鉴于工程建设涉及多学科和多专业，无论是定位于全过程、全方位的工程监理工作，还是当前以施工阶段的质量控制、安全生产管理为重点的工程监理工作，对从业人员的资格条件要求均相对较高，需要从业人员掌握技术、经济、法律、管理等系统知识，并具有丰富的施工经验和组织协调能力。但是，当前工程监理从业队伍中，刚毕业或者刚参加工作的年轻员工，以及从事相关行业临近退休或者已经退休者占了很大比例，他们参加的岗前及岗位培训通常较少，一些监理人员在实际工作中，不仅缺乏工程施工技术知识、现场管理知识，甚至对工程监理的职责和工作内容也不甚了解，无法胜任相应的监理工作。

另外，监理工程师挂证现象仍然存在。有文献估计，我国根本不参与具体监理工作的注册监理工程师超过注册监理工程师总数的 20%。为了弥补企业注册监理工程师的不足，一些省份设置了地方"监理工程师"制度，一些省份允许取得地方监理工程师执业资格一定年限后的人员担任二等及以下工程项目的总监理工程师，这无疑与《建设工程监理规范》规定的"总监理工程师应该由注册监理工程师担任"相抵触。这样的地方政策在解决地方监理人员不足的同时也势必使得一些不符合总监理工程师任职条件的人员担任了项目总监，拉低了监理行业尤其是总监理工程师的整体素质。

工程监理行业希望向全过程、全方位监理的定位发展，这需要大量的既懂技术、又懂管理的复合型监理人才。然而，当前由于市场外部环境以及监理行业自身原因，我国监理行业很难吸引到优秀人才，这也导致监理工作不到位，监理服务质量不高，难以适应现代工程项目管理的需要。

（2）注册监理工程师数量不足。根据我国2012年建设工程监理统计报表，2012年年末我国有工程监理从业人员822042人，其中，注册监理工程师为118352人，其他人员623226万人，见表4-2。据相关资料统计，2012年全国新开工项目和在建项目约为30余万项，由此可知，注册监理工程师人数远低于在建项目数，工程监理队伍显然不能满足监理工作需求。

2012年注册执业人员情况　　　　　　　　　　　表4-2

序号	类别	人数
1	注册监理工程师	118352
2	其他注册执业人员	53550
3	合计	171902

近年来，在我国建设行业大发展的背景下，我国注册监理工程师的数量仅仅保持了缓慢增长，如表4-3、图4-1所示，相比行业规模的增长，注册监理工程师的数量更显不足。

全国注册监理工程师数量逐年变化情况　　　　　　　　　表4-3

年份	2006年	2007年	2008年	2009年	2010年	2011年	2012年
人数（万人）	8.13	7.11	8.93	9.74	9.91	11.17	11.84
占从业人员比例（%）	8.06	6.77	7.92	8.08	7.19	7.17	7.09

当前，工程监理行业除注册执业人员数量严重不足外，严重的人员流失现象加剧了行业人才不足现象。监理工程师因为收入低、入职门槛高、工作环境艰苦、工作难度大，创造的价值往往被忽略，法律责任大，执业风险大，可能承担施工单位众多参建人员的失误和过错引发的安全事故的责任等原因，人才流失到其他相关行业的情况严重。监理行业需要复合型专业人才，理论上讲，监理单位可以将大专院校毕业生作为培养对象，然而现实情况是，一部分高校毕业生在监理单位成长几年后，纷纷离开监理行业，导致监理单位人才尤其是

四、工程监理制度实施中存在的主要问题及原因

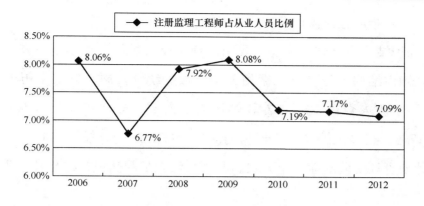

图 4-1　全国注册监理工程师数量逐年变化情况

优秀人才培养乏力,很难以人才形成企业的核心竞争力。

(3) 从业人员职称、年龄、知识结构不合理。

1) 职称结构不合理。2010 年、2011 年各类职称人数及占比见表 4-4。

2011 年、2012 年各类职称人数及占比　　　　　　　　　表 4-4

时间 项目	2011 年		2012 年	
高级职称人数及占比	105889	15.52%	111400	15.27%
中级职称人数及占比	309382	45.34%	328939	45.08%
初级及以下职称人数及占比	267147	39.14%	289347	39.65%
合计	682418	100%	729686	100%

从表 4-4 可以看出,高级职称人数占比较低,初级及以下职称人数占比过高。比较 2011 年和 2012 年两年的数据,2012 年高级职称、中级职称人数占比有所降低,初级及以下职称人数占比有所提高。高级职称人数过少,导致监理行业缺乏高端人才,尤其缺乏施工管理专家级人才、前期咨询顾问专家、设计管理人才、合约管理人才等,不能满足高智力服务的行业理想定位。

2) 年龄结构不合理。除了职称结构不合理外,监理行业的年龄结构也不能适应行业的发展。当前,我国监理行业人才老龄化现象严重。由于青年人才流失严重,一些监理单位为了队伍稳定并降低用人成本,大量聘用退休人员,导致返聘的退休人员在监理人员中比重较大。这些监理人员难免存在知识老化、思想僵化、理论欠缺、学习和创新能力不足等问题,也有精力和体力不足

的问题，常常难以胜任监理工作。

3）知识结构不合理。当前，我国监理从业人员，水平参差不齐，总体水平较差，知识结构不尽合理。据相关调研数据统计，硕士以上学历人数不到1％，本科学历人数占12％，专科学历人数占58％，中专学历人数占12％，其他占17％。很多人员仅关注现场的质量与安全问题，投资控制、合同管理与项目计划管理协调等能力很欠缺。监理行业人员的知识结构与其行业的定位不相适应。

3. 工程监理行业结构不合理

（1）行业集中度不高，不利于行业良性发展。 从数量来看，当前监理行业中各类资质的监理单位繁多，良莠不齐；从行业结构来看，当前监理企业层次不分明，行业集中度不高，金字塔结构尚未形成。

就行业整体来看，作为行业实力最强的综合资质企业产值占监理行业总产值的比例较小，企业规模仍不算大，实力不强，还缺乏向代表行业水平和实力的企业集团发展的能力，还不能与国际咨询企业抗衡，未充分体现并发挥对行业的引领作用。

作为实力较强的甲级企业，由于企业资质等级标准低，企业数量众多，企业实力差距巨大，一些企业实力、规模和"甲级"身份完全不匹配。2012年全国共有综合资质和甲级资质企业2656家，但从企业收入来看，2012年年收入在1亿元以上的企业仅有84家，仅占总企业数的1.27％，占综合资质和甲级资质企业总数的3.27％。

作为实力较弱的乙级和丙级企业，数量众多，同质化现象严重，甚至与大型监理企业在同类业务上展开竞争。小企业没有发挥机制灵活的优点，没有形成企业特色，企业规模与企业发展方向不符，专业性不强，服务质量和水平不高。特别需要提出的是，由于我国监理行业尚未建立类似施工的总分包机制，导致中小监理企业无法通过为大型监理企业提供专业化分包服务，以实现差别化、专业化发展的道路，这也是导致我国监理行业结构不合理、同质竞争严重的主要原因。

（2）专业分布失衡。 2012年全国6605家企业中，89%的企业的专业资质集中在房屋建筑和市政工程两个专业（房屋建筑专业有5465家，市政公用工程413家），而其他12个专业累计仅有727家企业，专业的分布不均衡，形成房建专业竞争过度，供大于求，而其他12个专业基本上是行业垄断，没有形成市场竞争。

4. 工程监理市场行为有待规范

（1）监理任务的委托与承接行为不规范。《招标投标法》第三条规定，符合条件的建设工程监理必须实行招标。从行业发展的前景来看，引入竞争机制是对的。但是，由于当前工程监理市场缺乏行之有效的规范制度，在工程监理市场中出现了企业恶性竞争、围标串标、挂靠监理、监理业务转包、阴阳合同、业主私招乱雇、系统内搞同体（或连体）监理等违规现象。

建设单位作为监理活动的参与主体之一，其行为在很大程度上影响着监理企业或监理从业人员及其他参与主体的行为方式。目前，政府投资、国有企业或国有控股企业投资、房地产开发商投资的项目，占据项目投资的绝对比例。政府及国有资金投资的项目谁是真正的业主，有多少人能真正代表项目业主的利益？开发商实质上也只是建筑产品的转手者，又有多少开发商能完全体现房屋业主的利益呢？建筑市场的现实环境使得监理单位的主体地位难以体现，监理单位在隐形的利益链上，处于建设单位和施工单位的夹缝中，很难独立地开展工作。建设单位出于权力、利益的原因和对监理行业发展现状的不认可，轻视监理，对监理作用认识模糊不清，定位不准的现象很普遍，这直接表现为不把监理服务作为真正的需求，进而产生主动压价行为、干预招标行为和不对监理充分赋权行为。

（2）监理服务收费低。 监理服务收费实行政府指导价和市场调节价。国家发展改革委、建设部联合颁发的《建设工程监理与相关服务收费管理规定》（［2007］670号）及其配套的《建设工程监理与相关服务收费标准》规定了政府指导价标准。我国的工程监理行业类似于欧美发达国家的工程咨询业，欧美发达国家咨询行业的收费标准一般可达到工程总造价的3％至5％，而我国的工程监理费一般以建安造价为计费基数，根据《建设工程监理与相关服务收费管理规定》，最多可取建筑安装工程费的3.3％。从计算基数和费率来看，我国的监理收费标准相对西方发达国家较低。

然而在工程监理实践中，这一收费标准并没有得到认真贯彻执行，市场价格混乱，很多项目的收费都达不到国家指导收费标准的50％，这一现象在政府投资建设项目、房地产建设项目、私人投资项目中均较为普遍，而且近年来看不到这一现象改善的趋势。不执行收费标准通常主要表现为以下三种情况：发包时直接压价；概算突破后对项目监理费不予调整；要求工程监理单位承担很多附加工作但不予计算监理费。

就监理行业而言，当前市场供不应求，政府又有相关法规保障要求实施监理招标，国家还颁发了监理收费政府指导价，这些理应非常有利于行业的生存和发展，然而现实的监理市场中却存在严重的低价竞争、市场无序、恶性循环的反常现象，需要行业认真反思。

(3) 监理行业分割管理依然存在。目前，我国监理行业实行企业资质和个人执业资格制度，要求工程监理单位具有相应专业资质，要求从业人员具有相应执业资格方可上岗。然而，无论是对工程监理单位，还是对从业个人，我国都存在较为严重的多头管理、行业分割现象。除了住房和城乡建设部建立了工程监理企业资质类型和等级标准、与国家人力资源和社会保障部联合建立全国监理工程师执业资格考试制度外，水利、交通、信息产业、设备监造、民防等相关行业主管部门也实行了相应的企业资质和（或）个人执业资格制度，且这些资质或资格标准各不相同，导致工程监理市场行业分割严重、监理服务标准差异巨大、监理人才流动性差、人才供给不足现象更加凸显，已明显与市场经济规则和要求不符。

相比于行业人员准入标准较高，我国工程监理行业存在着企业准入门槛及甲级标准较低的问题。企业门槛低导致大量不具备监理基本服务能力的企业进入监理行业,导致行业竞争激烈,恶性竞争现象严重。甲级资质标准较低,导致监理行业市场结构不当,市场集中度不高,行业仍属于分散竞争型市场结构。我国工程监理行业依然处于产业发展初级阶段,行业进入壁垒低,企业数量多,且缺少个别龙头型的企业航母,竞争激烈,经济效益较差,行业市场结构亟待优化和调整。

当前,工程监理行业管理不当还表现为监理行业存在着较为严重的地方保护和地方分割现象。地方有关主管部门忽视国家相关规定,以各种形式实施地方保护,严重地影响了监理企业的做大做强和人才等要素的合理流动。

(二)工程监理制度实施中存在问题的原因分析

1. 工程监理法规及标准体系不够完善

目前,有关工程监理的法律法规不少,但是对于工程监理的各项要求零散分布于各项法律法规中,没有形成一个完整的体系,主要表现在以下几个方面。

(1)缺乏一个能够全面科学、准确定位工程监理制度的专项法规及部门规章。《建筑法》及《建设工程质量管理条例》指出,国家推行工程监理制度,并对监理单位的委托、主要工作依据和工程监理单位的质量责任和义务等进行了原则、简要的规定,《建设工程安全生产管理条例》对工程监理单位的安全责任进行了规定。然而,我国目前尚未出台一个能够对工程监理制度进行准确定位,对监理单位的工作内容与职责、工作范围、工作要求、市场行为、行业监管、从业人员要求等进行全面系统规定的法规(条例)。尽管有《注册监理工程师管理规定》(建设部令第147号)和《工程监理企业资质管理规定》(建设部令第158号),但是这两个部门规章均不是针对工程监理定位、监理单位的工作内容、职责与要求、市场行为、行业监管等制度运行中的关键问题进行规定的部门规章。

（2）**相关法规、标准对工程监理的定位、规定存在矛盾和多样性。** 由于《建筑法》对工程监理的规定较为原则和简单，当前又缺乏针对监理制度的统一、系统的专项法规或部门规章，且不同的法律、法规、部门规章、规范性文件的制定时间、行业背景、目的、主体等存在不同，导致不同的法律、法规、部门规章和规范性文件之间，国家和地方的法规、规章和规范性文件之间存在不协调、不一致的地方；现行法律法规及标准对工程监理工作的范围和深度，尤其对施工安全的监理责任界定等规定得不够详细，客观上导致或支持了行业内外对监理工作认识上的"肢解"，导致各地、各行业在实际操作中掌握标准不够一致，也导致行政管理机构依据法律、法规处理问题时自由裁量权过大。这种法规层面上对工程监理定位的矛盾和多样性，自上而下地影响到了整个行业，使工程监理行业对自身的定位认识不清，对自己从事的工作和应当担当的责任都没有一个清晰的认识，自然会在工程监理制度的实施中出现较多问题。

（3）**监理工作标准不够细致。** 目前，工程监理行业的工作标准主要是国家发布的《建设工程监理规范》（GB/T 50319—2013）和一些地方出台的《监理规程》，但是《监理规范》和《监理规程》对监理人员工作标准的规定均不够详细，不能对监理工作起到系统的工作指引作用。如巡视是项目监理机构对工程实施监理的主要方式之一，《建设工程监理规范》（GB/T 50319—2013）也规定监理人员应对施工过程进行巡视，应定期巡视检查危险性较大的分部分项工程施工作业情况，但是巡视的频率、频次，巡视的内容，巡视中应关注的重点等尚未形成具有可操作性的相关标准。又如项目监理机构应检查进场的工程材料质量，但检查的深度、平行检验的范围等也需要进一步细化。

监理工作标准不细甚至缺乏，导致监理人员在现实工作中没有一个参照的工作指引，监理人员是否履职尽责无法得到科学的判定。很多建设单位的工程管理人员并不清楚合格的监理工作标准是什么，这样就很难对项目监理机构的工作作出一个公正的评判和纠正。

2. 工程监理监管体系不够健全

当前，我国工程监理制度运行中存在的工程监理的定位和职责不够明确、工程监理行业结构不合理、工程监理市场行为有待规范等问题，均与工程监理监管体系不够健全有关。工程监理监管体系不够健全主要表现在：

（1）行政管理权力分割。工程建设全过程管理被行政管理权力分割。早期监理行业的定位是全过程、全方位的项目管理，监理制度刚开始执行时也遵循了这样的定位。但是由于各有关部门行政管理权力分割，导致工程建设全过程管理行为被人为划分为由多个主体承担，如工程咨询机构（可行性研究编制单位）、财政及投资评审中心、工程造价咨询企业、招标代理企业等，这些主体的职能在一定程度上均是从最初定位的监理职能中剥离出来的。

监理市场被行政管理权力分割。我国工程监理企业资质存在较为严重的多头管理、行业分割问题。部分行业监理市场垄断经营，未形成必要的市场竞争，这不利于市场竞争的形成和行业资源的优化配置，不利于行业监理水平的整体提高和监理单位的做大做强。

（2）行政干预过多。政府行政管理对市场的干预过多。政府有关部门通过制定相关制度促进了工程监理行业的大发展，但也在是否选择监理、选择什么样的监理单位、监理的价格和内容等方面剥夺了业主和监理单位一定的选择权，进而导致产生了供需双方非自愿结合带来的一系列问题。

政府行政手段强化了工程监理单位的质量安全管理职责。当前，我国政府对建设工程质量、安全生产监管的责任和压力远大于对投资、进度管理的责任和压力。政府、业主对质量、安全监管的需求大，政府行政主管部门（包括工程质量监督机构）有希望社会化监理机构协助政府承担质量安全监管并承担相应责任的动机。因此，政府有关部门以各种形式通过行政手段强化了工程监理单位的质量、安全生产管理职责，影响了社会对工程监理定位的认识，导致工程监理的定位和职责与最初设计不同。

（3）监管形式单一且缺乏针对性。

1) 监管形式单一。政府行政管理机构通过企业资质管理、从业人员执业资格管理、市场违规行为查处等手段开展的行政监管仍是主要监管形式。行业自律不足，行业协会在行业监管上的作用发挥不足，缺乏监理服务质量担保和保险制度等社会监管体系。

2) 监管缺乏针对性。其一，统一的监理监管体系不适应不同的投资管理体制和建设项目。对于不同的投资项目，监理人员对其关注的管理重点应当是不同的，如果在此条件下还用同样的监理管理体制来管理监理企业、监理人员，不是科学的方法。这一问题涉及我国监理行业的定位、对监理工作的评判标准、质量安全管理职责和其他责任的平衡等问题。其二，监管缺乏行业针对性，没有针对监理的咨询特色制定有效的监管办法。对监理单位与监理机构的履职尽责评价体系没有建立。

(4) 市场准入和退出机制不够健全。如同我国建筑业中的其他行业，当前，我国监理行业存在市场准入和退出机制不够健全的问题。这一问题整体表现为市场准入门槛相对较低，退出相对准入而言要难。

(5) 行业协会的作用有待进一步发挥。工程监理行业协会在行业自律机制的建立和完善方面有待加强。包括工程监理单位和注册监理工程师的信用评价体系的建立和实施、全国工程监理行业信用信息平台的建立、违法违规信息披露及失信处罚机制等。

3. 工程监理资质资格制度有待改革

(1) 企业资质管理存在缺陷。我国的工程监理企业资质分为综合资质、专业资质和事务所资质，综合资质、事务所资质不分级别，专业资质按照工程性质和技术特点划分为若干工程类别，并按照工程类别可分为甲级、乙级或甲级、乙级和丙级。我国监理企业资质管理中存在的主要问题表现在：

1) 企业准入门槛及甲级资质标准较低。企业门槛低导致大量不具备监理基本服务能力的企业进入监理行业，导致行业竞争激烈，恶性竞争现象严重。甲级资质标准较低，导致监理行业市场结构不当，市场集中度不高，资质管理应起到的企业分类作用不明显。

2）资质管理不严。目前，政府对监理企业进行资质管理主要是依据监理企业注册监理工程师的数量、企业的注册资金数额、曾经监理过的项目业绩、是否有违法违规行为等。但不少企业在申报或晋升企业资质等级过程中存在着一定的造假行为，行业主管部门却鲜有有效应对措施，对违规申报行为的惩罚力度不够，导致这种现象久禁不止。

3）行业分割现象较为严重。监理单位及个人资格管理中存在着较为严重的多头管理问题，造成了行业严重分割和行业资质管理的混乱。目前，我国住房和城乡建设部、交通部、水利部等部委都具有监理单位以及从业人员的资质管理权力，这些部委对于其管辖范围的监理都有权设置各自的资质管理条件和门槛，条件、门槛高低不同，存在层次差异。很多省、市以保护地方经济为名，设置各种各样的或明或暗的条件，限制外地企业投标，违背市场经济规律，封闭市场，建立地方壁垒。

(2) 个人执业资格体系不够健全。首先，没有建立统一的监理工程师管理制度。一些行业单独组织该行业的监理工程师资格考试和注册工作，使得监理工程师的考核标准存在较大差异。其次，注册监理工程师按照专业分类注册，这种分类方式更偏向现场质量管理，难以满足工程项目全过程、全方位监理和咨询的需求。再次，监理工程师报考条件与行业现状不匹配。目前，我国注册监理工程师的报考条件之一：工程技术或工程经济专业大专（含大专）以上学历，按照国家有关规定，取得工程技术或工程经济专业中级职务，并任职满3年。这就意味着，监理人员必须要在获得工程师职称工作满三年之后才能报考注册监理工程师。这一报考条件高于注册建造师、注册结构工程师、注册造价工程师、招标师、咨询工程师、项目管理师等的报考条件（详细对比见表4-5），使得很多专业人员在尚未达到注册监理工程师报考条件之前就首先选择报考其他执业资格，而减少了报考注册监理工程师的人员数量。可以说，这一条件增加了专业人员选择并进入监理行业的难度，间接导致行业人才不足。而缺乏人才导致行业服务能力不足，行业发展存在问题又导致更加严重的人才缺乏，形成恶性循环。

相关行业人员情况比较　　　　　　　　　　　　　表 4-5

分类 事项	监理工程师	一级结构 工程师	造价 工程师	招标师	备注
报考注册 考试条件	中级职称，任职期满 3 年（≥8年）	6 年	5 年	6 年	以大专毕业年限比较
年产值/ 人·年	11 万元（2011 年统计全国平均值）	约 50 万元	约 35 万元	50 万元	该栏数据仅根据某市市场调研数据
收入/ 人·年	8~10 万元	25 万元	20 万元	10 万元	该栏数据仅根据某市市场调研数据
交付 成果	除一套监理记录性资料外，无独立的交付成果，依附施工单位的施工质量、安全管理的效果，与设计、造价、招标的成果相关联	施工图纸	工程量清单、预算书、结算报告	中标通知书、招标情况报告书	
工作 手段	无软件支撑，无具体的工作标准，工作无边界，工作深度无要求	主要利用设计软件	主要采用造价软件	依照严格的法定程序工作	
执业 风险	除本人过失需承担相关法律责任外，可能承担因施工单位质量、安全事故导致的连带责任，也可因施工现场其他责任人过失受牵连	本人过失错误，承担法律责任	本人过失错误，承担法律责任	本人过失错误，承担法律责任	

4. 工程监理单位核心竞争力有待提升

（1）企业竞争力不强。监理单位的竞争力主要体现于监理单位的知识与技能、管理体系、人力资源、技术体系、价值观念与企业文化等内容。其中，管理是企业的基础，当前一些监理单位规模在扩大的同时，却没有一个与之适应的管理体系，许多监理单位尚未建立科学的企业运行和管理机制，导致企业管理混乱，无法形成企业竞争力；对于人才这一企业最关键的要素而言，如前述，当前监理行业存在一线监理人员整体素质不高、注册监理工程师数量不足、监理从业人员结构不合理等问题，企业人员不能满足企业管理和监理工作的需要；企业文化方面，当前很多监理单位忽视企业文化的重要性，导致企业在成长过程中没有形成特定的企业文化，企业的凝聚力不强，员工的归属感弱，造成企业人才流失现象严重；另外，许多监理单位忽视对新技术的应用，缺乏创新能力。

当前，信息技术高速发展，一些监理单位及从业人员也开始将网络信息技术应用到工程监理实践中，但由于整体水平以及投入不够，监理行业的信息化管理落后，信息收集、加工、传递的方式传统，信息技术普遍尚未对企业的竞争产生正向支持。另外，监理人员知识信息面窄，对建设工程管理缺乏系统性、科学性的监理手段，其监理工作很难适应现代项目管理的需要。

（2）多数企业业务范围小。当前，我国大多数监理单位主要提供施工阶段以工程质量控制、安全生产管理为重点的监理服务，尽管有的监理单位在向项目管理服务拓展，但仍然存在很多问题：第一，当前我国具备项目全过程管理能力的监理单位很少，很多监理单位的综合素质不能满足项目管理的要求；第二，绝大多数监理单位仅具备单一的工程监理资质，而项目管理除应具备工程监理资质外，相关的咨询、代理、造价、设计等资质也应具备；第三，当前许多监理单位缺乏全过程项目管理的人才；第四，当前，监理行业从业人员对自己的工作缺乏准确的定位，导致很多监理人员在现场处于被动适应甚至应付状态，而项目管理机构必须具有主人翁的责任意识和前瞻性的思维方式，主动、超前地做好自己所从事的各项工作。如果以上问题不能得以解决，那么，实现工程监理单位向项目管理服务拓展必然困难重重。

（3）监理服务质量不高。工程监理行业是咨询行业，其产品是工程监理单位提供的服务。工程监理服务产品不同于普通的服务产品，它的质量好坏无形地体现在工程项目成果中。当前，工程监理行业服务产品质量普遍偏低，监理工作常常不能成为实现理想工程管理效果的有力保障，工程监理单位提供服务的专业化水平和尽职尽责水平也常常不能令建设单位满意，空有"监理岗位"不见监理人员的现象在很多监理项目上仍然存在。工程监理行业也确实存在一些职业道德缺失的监理人员，使得监理工作无法体现其客观、公平、独立的特点。

工程监理服务质量不高，导致建设单位选择实施监理不是基于自身需要，而是碍于法律法规的要求，这导致建设单位对工程监理制度、工程监理单位及监理人员存在抵触心理，在项目实施过程中，不对监理人员充分授予权力，不支持配合监理人员的工作，使得工程监理单位和人员处于较为尴尬的境地。

（4）监理手段落后、单一。我国工程监理单位的监理手段普遍比较落后、单一，现场监理工作仍以文件资料审查、现场巡视、旁站、参与质量验收等为主，许多工程监理单位缺乏先进的技术装备和检测手段，很多监理人员只能凭经验下定论，其监理工作缺乏科学性与客观性。监理行业在先进技术手段的利用上也比较薄弱，没有跟上计算机、网络技术、现代检测技术等的发展步伐。此外，需要提出的是，我国当前推行的旁站制度一定程度上有强化、支持单一、落后监理手段，阻碍先进检测手段应用的作用，应予以合理改革。

5. 工程监理诚信体系建设亟待加强

（1）行业自律较差。目前，监理行业中工程监理单位数量多，鱼龙混杂，由于进入门槛较低，再加上社会上证书挂靠现象的存在，一些工程监理单位在通过低价取得监理业务后，低薪聘用管理人员进行管理，出现监理行为不规范、监理人员无序流动、随意撤换主要监理人员、违反国家强制性标准、不完全履行合同义务、不良风气盛行、行业秩序混乱等自律性较差的行为。更有甚者，仅依靠履行签字手续完成监理合同。这不仅加剧了监理行业的低价竞争，更加剧了工程监理在建设行业中的地位下降。

（2）缺乏监理企业资信数据管理平台。若要建立完备的工程监理诚信体系，工程监理单位资信数据库是不可缺少的。但建筑市场是一个相对开放的系统，各种信息的归属处、存储方式和对外开放程度都不尽相同。工程监理企业、监理从业人员及工程项目的各种相关数据并没有一个数据管理平台对其进行有效的整合，而是分散在资质管理部门、招投标、市场监察、质量、安全等各个管理部门，这些部门对信用信息有着不同程度的垄断管理，并且也存在着数据格式不统一、不同部门之间数据具有重叠带和真空带等严重问题。这些问题的存在亟需监理行业建立一个管理平台并通过行政法令对监理企业资信数据库进行整合管理，为诚信体系建设建立数据基础。

（3）奖惩机制不健全。建立监理诚信体系的目的在于规范市场秩序，培育市场主体诚信观念，营造守信光荣、失信可耻的氛围，但由于缺乏相应的奖惩制度，信用体系在规范市场主体行为方面应起到的作用并没有得到充分发挥。

（4）诚信体系建立和健全工作难度较大。诚信体系建设是一项较为繁杂而持久的工作，应该是监管体系的一个重要组成部分。这项工作的实施要有广泛的、客观的调查、评价监理企业的成绩和水平，从而对行业内的监理企业产生巨大的约束力量，使之能够在各项工作中产生自律行为，这是监理行业健康发展的最好形式。大多数省市尚未建立监理单位的资质，个人执业资格，以及质量、安全、合同等方面的信用记录标准与信息采信机制，建筑市场综合监管信息系统和诚信信息平台不够完善。政府主管部门对监理单位资质的动态监管力度不够，监管方法与措施不尽科学。

五、工程监理制度发展目标、指导思想及政策措施建议

《中共中央关于制定国民经济和社会发展第十二个五年规划的建议》要求："把推动服务业大发展作为产业结构优化升级的战略重点，建立公平、规范、透明的市场准入标准，探索适合新型服务业态发展的市场管理办法，营造有利于服务业发展的政策和体制环境。"建筑业"十二五"发展规划提出，"十二五"期间全国建筑业总产值、建筑业增加值年均增速目标是15％以上；全国工程监理企业营业收入年均增长20％以上。这对工程监理行业人才队伍建设、行业组织结构调整、制度建设和信息化建设等方面的整体发展提出了更高要求。与此同时，由于工程项目的技术难度越来越大，标准规范越来越严，施工工艺越来越精，质量要求越来越高，对工程监理企业能力和工程监理人员素质也提出了更高要求。

中国共产党第十八届三中全会指出，经济体制改革的核心问题是处理好政府和市场的关系，使市场在资源配置中起决定性作用和更好发挥政府作用。在工程监理行业中如何发挥市场的决定性作用和更好地发挥政府作用，也成为不可回避的重要问题。

（一）发展目标

面对新时期新的形势、新的挑战和更高要求，为了更好地推动工程监理事业持续健康发展，应着重从工程监理行业自身和外部环境两个方面解决问题。

1. 准确定位工程监理，推进工程监理行业和企业的转型升级

为了更好地适应我国市场经济发展及工程建设管理体制改革要求，应借鉴国际上先进的工程管理模式和咨询行业发展经验，在做好施工阶段监理工作的基础上，实现工程监理行业和企业的转型升级。

（1）扎实做好建设工程施工阶段监理工作，在保证工程质量和加强安全生产管理方面发挥重要作用。 保证工程质量和加强安全生产管理是工程监理行业和企业的立足之本，是建设单位和政府主管部门希望工程监理行业和企业在工程实施过程中发挥作用之处，目前也是工程监理行业和企业的主体工作。二十多年来，工程监理单位及广大监理人员在工程建设中为建设单位、国家和社会创造的巨大经济效益和社会效益有目共睹。但是，随着工程建设规模不断扩大、复杂程度日益加剧和科技含量不断提高，以及国内外市场的逐步融合，工程监理单位不能停留在单纯依靠人力在施工现场进行监督检查，需要在技术标准、检测手段和管理能力等方面全面升级，逐步依靠规范化程序和现代化技术手段实施监理。

（2）根据自身资源、能力等条件实现差异化和多元化发展，拓展企业经营服务空间和范围。 大型综合性工程监理单位应在施工监理的基础上，通过进一步整合设计、施工管理资源，发挥技术、人才密集优势，发展集项目策划、设计管理、招标代理、造价管理、施工过程管理等为一体的全过程集成化管理服务。有条件的工程监理单位应充分发挥自身的管理优势，将工程监理延伸到全过程项目管理服务等领域，为建设单位提供工程监理与项目管理一体化服务，或者在工程总承包模式下为建设单位服务。对于有能力的工程监理单位，要凝聚高层次人才，优化管理流程，建立高水平知识管理平台，逐步转变为具有国际竞争力的工程咨询公司。

2. 完善市场管理制度，为工程监理持续健康发展创造良好环境

为了促进工程监理持续健康发展，应尽快完善工程监理法律法规及标准体

系，通过完善监管机制规范市场秩序，为工程监理企业合法经营构建公开、公正、公平竞争的市场环境。

（1）完善工程监理法规及标准体系。 通过完善工程监理法规政策，进一步明确工程监理的法律地位，细化工程监理职责，避免工程监理责任的任意扩大。在《建设工程监理规范》的基础上，按不同工程类别进一步完善工程监理工作标准，不仅有利于提高工程监理工作成效，而且有利于判别工程监理责任。

（2）加强工程监理市场动态监管。 无论是对于工程监理企业，还是注册监理工程师，应实行严格的市场准入和清出制度，不仅要加强政府主管部门的市场监管，同时要创新市场管理制度，通过建立和完善担保和职业责任保险等制度，完善工程监理市场的社会监管机制。

（3）建立统一开放的工程监理市场。 为了充分发挥市场经济优化资源配置的机制优势，逐步建立统一开放的工程监理市场是社会发展的必然趋势。地方保护和行业壁垒是建立工程监理统一市场体系的主要障碍。为此，应限制和逐步取消地方保护和行业壁垒的不合理规定和做法。

（4）提高工程监理人才综合素质。 调整全国监理工程师执业资格考试报名条件及考试内容，消除行业壁垒，实行全国统一监理工程师制度。吸引其他注册执业资格人员进入工程监理领域，解决各地已认证的工程监理人员执业资格问题，以满足工程监理市场对于注册监理工程师的实际需求。完善注册监理工程师继续教育制度，切实提高注册监理工程师的业务水平和执业能力。

（二）指导思想

为了更好地推动工程监理事业的发展，今后一段时期的指导思想是：以科学发展工程监理为指导，以准确定位工程监理为前提，以完善工程监理制度为基础，加大法规及标准体系建设力度，明确工程监理工作职责；加大人才队伍建设力度，满足工程监理人才实际需求；加大企业转型升级推进力度，提升工程监理企业竞争力；加大诚信体系建设力度，树立工程监理行业品牌和形象；加大市场动态监管力度，规范工程监理市场行为；加大行业协会建设力度，发挥工程监理行业协会桥梁和纽带作用。

（三）政策措施建议

1. 深化行政管理体制改革对行业发展的影响研究，积极稳妥推进行业管理制度改革

党的十八大、十八届三中全会以来，国家行政管理体制改革进入到了实施阶段。大力推进简政放权政策落实，取消或下放部分行政审批事项，发挥市场在资源配置中的决定性作用的市场化改革正在逐步深入。监理行业与企业面临的新问题，目前集中反映在国家将逐步取消、调整监理收费行政指导价格，调整或缩小强制性监理范围，调整和修订企业与个人市场准入条件与标准等方面。改革的试点正在部分省市进行中。如何准确地理解行政管理体制改革对行业与企业发展的影响，调整行业与企业市场定位、发展模式和发展思路是企业发展面临急需解决的问题。当前，国家推进的行政管理体制改革的实质是以政府行政管理为核心的咨询行业与市场管理制度体系逐步向以法制为基础、政府宏观调控与监督下的以社会管理为核心的行业自律管理制度体系转变。在改革中市场各方主体与管理部门需要作出相应的调整。在这种情况下，建议政府有关部门要组织力量，协调相关部门，加强对行政管理体制改革对行业和企业发展，以及市场管理制度的系统研究，完善改革顶层设计和实施方案，统一领导，有计划、有步骤，积极稳妥、协调推进行业管理制度改革，保证改革的顺利实施。

2. 完善法律法规及标准体系，推进工程监理法制化、标准化建设

针对工程监理行业面临的突出问题以及新时期建筑业改革与发展要求，当

前非常有必要通过修订和完善部门规章、制订《建设工程监理条例》以及进一步细化工程监理标准等，推进工程监理的法制化、标准化建设，从而引导整个工程监理制度的改革与发展。

(1) 加快修订和完善部门规章。 从转变政府职能，简化行政审批手续，弱化企业资质和强化个人资格管理、发挥市场在资源配置中的决定性作用等符合市场经济发展的要求出发，修订现行的《工程监理企业资质管理规定》（建设部令第158号）、《注册监理工程师管理规定》（建设部令第147号）和《建设工程监理范围和规模标准规定》（建设部第86号）等相关部门规章，尽快研究解决避免资质资格管理分割、企业资质分级分类过多、个人资格分类不尽合理、个人市场准入条件过高、企业资质审批条件不尽合理、审批时间过长、强制监理范围过度扩大、监管方式不尽合理等问题。

同时，在《建设工程监理条例》一时难于出台的情况下，尽快研究出台《建设工程监理规定》，对工程监理的范围和任务、委托方式、各方职责和权利、政府监管、法律责任等进行明确，及时解决当前工程监理行业面临的突出问题，改善市场环境，完善工程监理运行机制，引导行业健康发展，并为研究制订《建设工程监理条例》奠定基础。

(2) 适时制订《建设工程监理条例》。 在时机适合的情况下，抓紧制订《建设工程监理条例》，对工程监理的定位和作用、行业监督管理体系、监理范围和内容、相关各方的职责和权利、监理工程师的职业责任、企业资质和执业人员管理、担保保险等制度等方面从法规层面给予重新梳理和准确界定，从而统一全国、地方和各行业对工程监理的认识，引导整个工程监理法规政策和标准体系的完善，推进工程监理制度可持续发展。

(3) 细化工程监理标准。 工程监理涉及的行业较多、专业面广，而现行的大部分监理标准侧重于程序性管理，缺乏专业性强、可操作的标准。因此，有必要细化相关的监理标准，如可按行业、专业制定工程监理工作标准，从而细化监理相关工作，提高工程监理的服务水平和质量，促进工程监理工作的标准化、专业化发展。

对于目前工程监理招投标活动中出现行业壁垒、地方保护、暗箱操作、随意压价等突出问题，除从法律层面建立一套较为科学、完善的监管制度外，还可以通过制定标准化示范文本的方式，引导和规范招投标活动中各方的行为，与监管制度一起共同构筑全国统一开放、竞争有序的监理市场。

3. 改革执业资格制度，加强工程监理人才队伍建设

为了解决工程监理队伍数量不足、素质不高的现状，亟待改革全国监理工程师执业资格制度，加强工程监理人才队伍建设。

（1）改革全国监理工程师执业资格制度，尽快出台《监理工程师执业资格考试办法》。全国监理工程师执业资格考试是选拔工程监理人才的重要途径。近年来，报考全国监理工程师执业资格考试的人数在逐年下降。究其原因，除注册监理工程师的收入水平较低、执业风险较大外，全国监理工程师执业资格报考条件也是制约注册监理工程师队伍快速发展的重要因素。就工程技术类或工程经济类专业大学本科毕业生而言，在工程建设领域工作满4年即可报考一级建造师，工作满5年即可报考造价工程师，工作满6年即可报考咨询工程师（投资）。而按照《工程技术人员职务试行条例》推算，工程技术类或工程经济类专业大学本科毕业生至少要工作8年后才有资格报考监理工程师，远远超过同类执业资格考试报名条件规定的工作年限。更何况有的企业不再评定职称，使有些人员无法达到监理工程师执业资格报考条件。

如果不能尽快解决注册监理工程师数量短缺问题，不仅不利于工程监理制度的健康发展，而且不利于我国工程建设的顺利实施。为此，建议有关部门尽快调整全国监理工程师执业资格报考条件和考试内容，出台《监理工程师执业资格考试办法》。监理工程师执业资格报考条件可参照建造师、造价工程师等执业资格报考条件，分不同学历设置工作年限要求，如对工程技术类或工程经济类专业大学本科毕业生而言，从事工程设计、施工、监理或项目管理相关业务工作满4年后即可报考监理工程师执业资格，而不再有专业技术职务的限制。

调整报考条件后，为考核报考者的专业技术能力和综合素质，有必要增加工程技术方面的考核内容，如工程技术标准，特别是工程建设强制性标准以及工程建设新材料、新工艺、新设备、新技术等内容，并可强化专业操作技能方面的考核内容。

考虑到各类执业资格人员之间的融通，并能够吸引更多优秀人才进入工程监理行业，对于取得一级注册建筑师、注册工程师、一级注册建造师、注册设备监理工程师、注册造价工程师等执业资格或工程技术、工程经济类高级专业技术职务的人员，从事工程设计、施工、监理或项目管理等相关业务超过一定年限的，可免试监理工程师执业资格考试的部分科目。此外，对于各地、各部门在2004年7月1日以前（《中华人民共和国行政许可法》实施之前）取得有关部门颁发的总监理工程师、监理工程师资格证书的人员，可通过考核认定其监理工程师执业资格。

（2）完善工程监理人才培养体系，提升工程监理队伍整体素质。根据工程监理人才队伍的实际情况，建立和完善多渠道、多层次和多种形式的人才培养教育体系，深入开展经济、法律、管理、专业知识与技能、职业道德教育。要鼓励工程监理企业建立以执业能力为基础、以工作业绩为重点、以奖优惩劣为手段的绩效考核机制，完善激励约束机制，调动人才积极性。要加强与国外工程咨询企业交流与合作，学习借鉴国外各类先进管理理念、方法和技术，不断提高工程监理人员的业务素质和执业能力。

4. 提升企业核心竞争力，推进工程监理企业专业化和转型发展

以提升企业竞争力为基础，推进工程监理企业向专业化和转型发展，形成差异化竞争优势，以促进工程监理企业健康发展，并优化工程监理行业结构。

（1）提升工程监理企业核心竞争力。企业核心竞争力是企业生存和发展的动力和源泉，工程监理企业可从以下六个方面提升核心竞争力。

1）重视企业文化建设。具体表现在企业精神文化建设、行为文化建设和物质文化建设三个方面。每一家工程监理企业有其自身行业特点，促进企业文

化建设是工程监理企业提高竞争力的核心。

2）提升企业战略管理能力。工程监理企业在选择、制定发展战略时，应确立以客户价值为导向的经营理念，建立相应高效的服务机制。在战略执行时，应着力培养企业对顾客需求的预测和反应能力，迅速将新观念、新技术融入服务的能力，迅速适应不同市场经营环境的能力，并始终体现对客户的尊重、理解、关注和服务，进而提高企业核心竞争力。

3）提升工程监理企业创新能力。目前，工程监理的服务内容和服务水平在一定程度上已经不能满足业主的需要，与国际先进的管理模式以及建筑科学技术的发展对监理服务的客观需求存在较大差距。能否走出一条既与国际接轨又适应我国工程监理自身属性和社会日新月异需求的发展道路，在国内打造一批具有国际竞争力、可以与国外项目管理咨询公司相抗衡的知名企业，关系着行业的兴衰。当前要做到这些，既需要政府的大力支持，也需要我国工程监理企业下大力气尽快做实做强。工程监理企业应重点从树立"系统创新"思维的理念、创建学习型组织、提升创新增值服务等方面进行创新。

4）提升企业市场营销能力。工程监理企业市场营销能力的高低直接影响着企业生存和未来发展。工程监理企业要做好市场营销，就需要制定符合企业特点的市场营销策略，如人本管理策略、差异化策略、品牌策略、多元化策略等。

5）加强工程监理企业人力资源管理。市场的竞争就是人才的竞争。工程监理企业有了人才资源，才能在激烈的市场竞争中立于不败之地。为此，工程监理企业必须高度重视人力资源开发与管理工作，通过"选才"、"育才"、"留才"和"激才"，优化人才结构，形成本企业核心骨干队伍，以最大限度地实现顾客价值，提高工程监理企业核心竞争力。

6）加强工程监理企业知识管理。知识管理是运用集体的智慧提高应变和创新能力，是为企业实现显性知识和隐性知识共享提供的新途径。工程监理企业应制定和实施知识管理战略，建立适应知识管理的组织与制度，建立以网络技术为支撑的知识管理基础平台，建立和健全知识管理系统中的共享与创新机制,培育"知识共享"的企业文化和学习型企业,为提升工程监理企业核心竞争力奠定良好的基础。

(2) 推进工程监理企业专业化发展。专业化发展要求工程监理企业在做大做强的同时,根据细分市场的需求,"做专、做精、做特、做新",包括开展"深度"的专项监理、提供以BIM技术应用为核心的新型信息化监理、提供多种方式的专项咨询以及提供既有建筑改造工程监理等。

1)开展"深度"的专项监理。工程监理企业可以在传统施工监理的基础上提供加深的专项施工监理,做精、做特。如消防专项监理、安全生产专项监理、智能化专项监理、旅游度假酒店设施安装专项监理、超高层大跨度特殊结构专项监理、地铁专项监理、深基坑专项监理、勘察专项监理(编制勘察任务委托指导意见,审核勘察任务委托书,监督勘察工作(现场与试验室)并计量,审核勘察报告)、绿色专项监理等,这些专项监理的市场需求很大是工程监理单位深度探索的发展空间。

2)提供以BIM技术应用为核心的新型信息化监理。工程监理企业可以根据实际需求制定BIM应用的发展规划、分阶段目标和实施方案,合理配置BIM技术应用所需的软硬件条件。改进传统的工程监理方法,建立适应BIM技术应用的工程监理模式。通过规范BIM模型创建、修改、交换、应用和交付过程,逐步建立工程监理企业BIM应用标准流程。通过科研合作、技术培训、人才引进等方式,推动工程监理企业相关人员掌握BIM技术应用技能,全面提升监理企业BIM技术应用能力。

3)提供多种方式的专项咨询。近年来,不少工程监理单位已经开展了造价咨询、代理招标和前期可行性研究咨询。除此之外,一些有条件的工程监理单位已经为客户提供了一些单项咨询,如项目前期的市场调研、市场定位,组织评审规划方案,完成规划用地及工程规划许可证申办工作。项目组织管理方面的组织建设咨询、管理制度建设咨询、文档建设咨询、信息管理咨询、大型复杂项目的进度咨询(如机场)等;还有一些工程监理单位提供了前期土地招拍挂的选址咨询、大量的设计咨询,3D地理信息系统的网上规划报批咨询、监督施工图设计的进度与质量，组织施工图送审，并监督落实施工图审查机构提出的审查意见、组织施工图会审等。也有一些工程监理单位为施工单位提供了以 BIM 为核心的十几种信息技术的专项咨询、灾害模拟咨询、建筑改造咨询、建筑与物联网结合咨询、与绿色技术结合的技术咨询、大数据管理咨询等。这些都是工程监理单位可以大力发展的专项咨询业务。

4）提供既有建筑改造工程监理。工程监理企业一旦进入既有建筑改造工程的管理，必然会给现有的物业管理带来新的增值降险服务的市场空间。如通过低碳节能技术，实现既有建筑的可持续发展。既有建筑扫描点云模型转为 BIM 模型，进行结构加固的设计施工一体化改建模拟，其他为运营维护企业提供的以 BIM 技术应用为核心的专项监理/咨询等，以利于降低成本、提高服务水平。

(3) 推进工程监理企业转型发展。工程监理企业的转型发展，要求工程监理企业"做大、做强、做新"，包括向项目管理企业转型、向集成型企业转型以及开展 EPC 管理业务等方面。

1）向项目管理企业转型。工程监理企业向项目管理企业转型发展不是简单地扩大业务范围，而是要针对工程监理企业的不足，采取提升核心竞争力的措施，包括：①转换思维方式、管理意识、工作方式；②重点加强复合型人才的培养和储备；③提高信息化管理水平，提高项目管理的质量和效率；④完善企业管理制度，建立企业文化。

2）向集成型企业转型。部分工程监理企业根据自身不同优势，完全可以走集成型项目管理企业的道路。集成型项目管理企业，既可以提供覆盖建设全过程的项目管理服务，也可以单独提供为客户量身定制的某一阶段或某一领域的服务，如单独提供前期策划，单独提供设计管理，单独提供项目报批的服务，单独提供施工阶段的项目管理，单独提供智能建筑的项目管理，单独提供代理采购服务等。目前在实践中，有不少工程监理企业已开展了这些专项型项目管理服务，取得了很好的效果。

3）开展 EPC 模式下的管理业务。发展设计施工总承包（EPC）模式是国际工程发展趋势，工程监理单位要适应这种趋势，视野瞄准建设全过程。传统的工程监理要适应设计施工一体化模式，准确掌握其中的关键技术和能力，学会在EPC模式下进行管理。

5. 加强诚信体系建设，健全工程监理监管体系

诚信体系是市场机制形成的保障，也是市场成熟的表现。诚信体系建设是全行业的系统工程，监理的诚信体系建设与工程建设全行业的诚信体系建设密不可分。从业主角度来看，只有在完善的诚信体系下，业主才能对工程监理企业有足够的信任，从而给予工程监理单位以充分的权力，发挥其在工程管理和工程咨询方面的专业特长。从施工单位角度看，在诚信体系完备的环境下，不规范不守法的监理行为将更容易受到制约，守法、诚信的工程监理企业和监理人员将得到社会和业主的认可，也可促进其提高监理服务价值。在通过建立诚信体系健全对于监理行为的监管中，还要处理好政府监管和社会监督的关系，应逐步建立和完善工程担保和保险制度，发挥市场在资源配置过程中的决定性作用。

（1）完善信用信息平台，实施信用评价。

1）搭建和完善工程监理单位和监理从业人员信用信息平台，是工程监理诚信体系建设的基础。诚信体系建设的关键是要做好信用信息的及时采集、分类整理、分析和发布，尤其要让政府监管部门、项目业主和相关方关注并正确利用这些信用信息，使诚信制度真正起到整顿和规范监理市场的作用。从市场准入环节来说，在监理工程师的报考、注册和工程监理企业的审批环节通过网上公示等手段，做到监管的公开、公平、公正；从市场运行环节来说，可以分别建立工程监理单位、注册监理工程师和监理项目的数据库，实现市场信息系统与政府信息系统的实时对接，对企业、人员和项目在运作过程中的行为及时进行收集，激励良好行为，惩戒不良行为。在建立和完善信用信息平台过程中，政府应通过购买服务的方式，扶持具有社会公信力的评价机构，负责建立一个功能强大的数据库，并做好日常维护工作。行业协会应起到积极的配合作

用,特别要担负起行业自律管理的重要责任。

2)完善工程监理单位和监理从业人员信用评价体系,是工程监理诚信体系建设的落脚点。加强诚信体系建设的核心内容是要实施信用评价。为此,要建立系统科学的信用评价指标体系和评价方法,并将评价结果应用于工程监理市场监管中。在近期,政府管理部门应当在诚信体系建设中发挥主导作用,因为政府管理部门在制定有关行业行为标准、记录行业信用、对失信行为进行惩罚、对工程建设参与者的信用进行披露、对不同信用等级的企业或个人实行差异化监管等方面均有不同程度的优势。随着市场经济体制的不断完善,信用评价将会逐步依靠社会力量而进行,政府管理部门将会应用社会评价机构提供的信用评价结果对不同主体实施差别化监管。

(2) 创新工程监理监管方式,实现政府监管与市场监管相结合。

1)政府监管应抓住关键点,逐步由市场准入为主向事中事后监管为主转变。多年来,政府管理部门将大量的监管精力放在工程勘察、设计、施工、监理等参建方,而对于工程建设管理的核心——建设单位却缺乏有效的监管手段。对于大部分政府投资工程,项目法人责任制未能得到真正落实,从而使政府监管绩效大打折扣。为此,应通过完善法律法规、创新监管方式等,落实建设单位的项目管理责任,完善以建设单位为核心的工程建设管理责任链条。

对于包括工程监理单位在内的工程参建各方主体的监管,也应由市场准入为主的监管逐步向事中事后监管为主转变,依据工程监理单位和个人的市场行为进行差异化监管。对于工程监理合同履行事宜,本应属于合同双方的市场行为,政府管理部门不必过问太细。但是,由于工程监理单位在履行监理合同义务的同时,又要履行法律法规规定的法定职责,在某种程度上承担着的社会公共利益责任,因此,政府管理部门应采取必要的价格保护措施,保证工程监理收费标准得到切实执行。

2)充分发挥和利用市场资源,逐步建立和完善工程担保和保险制度。要通过法规政策的导向性作用,大幅度提高违法成本,逐步在行业内形成以守法经营为底线的理念。要切实推行工程履约担保制度,强化施工单位履约的风险意识和守约责任，可以减少和避免施工企业通过不法手段牟利的企图，控制挂靠、串标等违法行为的发生，净化建筑市场；对工程监理企业而言，应逐步建立工程监理职业责任和意外伤害等保险，增强工程监理企业及注册监理工程师的抗风险能力和责任意识。

6. 发挥行业协会作用，推进工程监理行业健康发展

行业协会是政府部门的参谋和助手，同时又是政府部门与工程监理企业、监理工程师之间沟通的桥梁和纽带。在政府职能转变、市场将在社会资源配置中起决定作用的大背景下，行业协会必须充分发挥作用，承担起引领工程监理行业健康发展的历史责任。

（1）加强行业调查和理论研究，为政府部门制定法规政策、行业发展规划及标准当好参谋和助手。 行业协会要深入调查行业现状，开展工程监理与项目管理的理论研究工作，积极探讨行业重点、热点问题和亟待解决的紧迫问题，为政府有关部门制定法规政策、行业发展规划及标准提供依据和支持，推动工程监理行业发展环境的不断完善，引领工程监理行业沿着正确的方向发展。

（2）倾听企业呼声，及时向政府管理部门反映行业诉求。 监理行业历经25年多的发展，取得了很大成绩，同时也存在许多问题，这些问题有的是执业环境的问题，有的是企业自身无法解决的问题。行业协会作为政府与工程监理企业的桥梁，要代表行业向政府管理部门反映工程监理企业的困难和问题，寻求政府管理部门的支持，通过完善相关法律法规，创造有利于工程监理企业发展和监理人员发挥作用的执业环境。

（3）健全行业自律机制，为推动建筑市场诚信体系建设发挥作用。 行业协会要健全行业自律机制，研究制定工程监理企业、注册监理工程师信用评价标准，推动建立工程监理信用信息平台建设，充分利用信用信息平台，实施行业自律，落实失信惩戒机制，为推动建筑市场诚信体系建设发挥重要作用。

（4）加强行业协调管理，促进工程监理人员整体素质提高。 由于各种原因的影响，近年来工程监理高端人才流失严重。要提升行业公信力和行业形象，

必须从提高工程监理人员整体素质做起。行业协会应组织专门力量，在现有法律法规及标准的框架下，针对不同专业工程制定监理工作标准，通过内部约束机制，要求工程监理单位加大工程监理人员的培训力度，逐步改善工程监理人员的年龄结构和人才结构，使工程监理人才队伍与工程监理职责相适应，发挥工程监理人员应有的作用，充分体现工程监理行业价值。

（5）**搭建交流平台，为工程监理企业、注册监理工程师提供优质服务。**行业协会要积极搭建政府与企业之间、工程监理企业之间、工程监理企业与注册监理工程师之间、注册监理工程师之间的交流平台，培育和完善行业文化；积极搭建国内外企业交流平台，促进学习型组织的建立，促进国内外企业间的交流与合作，引导工程监理单位跟随国内对外投资走出国门，推动大型工程监理企业的国际化进程。

六、结　　论

工程监理制度是我国工程建设管理的一项重要制度，自 1988 年开始试行以来，历经试点（1988～1992 年）、稳步发展（1993～1995 年）和全面推行（1996 年开始）三个阶段，在我国工程建设管理中发挥了重要作用，在保证工程质量、加强安全生产管理、提高投资效益等方面取得了显著成效。这些成效可以概括为五个方面，即：①推进了我国工程建设组织实施方式的改革；②加强了建设工程质量和安全生产管理；③保证了建设工程投资效益的发挥；④促进了工程建设管理的专业化、社会化发展；⑤促进了我国工程管理的国际化。

尽管我国工程监理制度是借鉴国际上工程咨询制度建立的，特别是参照国际咨询工程师联合会（FIDIC）的咨询模式而建立，但经过 25 年多的发展，我国工程监理制度与国际工程咨询模式相比，在制度设立、法律体系、市场体系、企业规模与实力、工作方式与手段、个人知识结构与能力等方面存在较大差异。

综观我国工程监理制度的实施现状，存在的主要问题可以概括为四个方面，即：①工程监理的定位和职责不够明确；②工程监理队伍的整体素质和数量均不能满足监理工作需求；③工程监理行业结构不合理；④工程监理市场行为有待规范。存在上述问题的主要原因可以归结为以下五个方面：①工程监理法规及标准体系不够完善；②工程监理监管体系不够健全；③工程监理资质资格制度有待改革；④工程监理企业竞争力有待提升；⑤工程监理诚信体系建设亟待加强。

为了更好地推动工程监理事业持续健康发展，应着重从工程监理行业自身和外部环境两个方面解决问题：①准确定位工程监理，强化施工阶段监理工作，推进工程监理行业和企业的转型升级；②完善市场管理制度，为工程监理持续健康发展创造良好环境。

关于政策措施的具体建议包括以下六个方面：

（1）**深化行政管理体制改革对行业发展的影响研究，积极稳妥推进行业管理制度改革。**党的十八大、十八届三中全会以来，国家行政管理体制改革进入到了实施阶段。大力推进简政放权政策落实，取消或下放部分行政审批事项，发挥市场在资源配置中的决定性作用的市场化改革正在逐步深入。当前，国家推进的行政管理体制改革的实质是以政府行政管理为核心的咨询行业与市场管理制度体系逐步向以法制为基础、政府宏观调控与监督下的以社会管理为核心的行业自律管理制度体系转变。建议政府有关部门要组织力量，协调相关部门，加强对行政管理体制改革对行业和企业发展，以及市场管理制度的系统研究，完善改革顶层设计和实施方案，统一领导，有计划、有步骤，积极稳妥、协调推进行业管理制度改革，保证改革的顺利实施。

（2）**完善法律法规及标准体系，推进工程监理法制化、标准化建设。**针对工程监理行业面临的突出问题以及新时期建筑业改革与发展要求，非常有必要通过修订和完善有关部门规章、制订《建设工程监理条例》以及进一步细化工程监理标准等，推进工程监理的法制化、标准化建设。

（3）**改革执业资格制度，加强工程监理人才队伍建设。**为了解决工程监理队伍数量不足、素质不高的现状，亟待出台《监理工程师执业资格考试办法》，调整报考条件，吸引更多优秀人才（包括已取得其他执业资格的人员）进入工程监理行业，尽快解决注册监理工程师数量短缺问题。

（4）**提升企业核心竞争力，推进工程监理企业专业化和转型发展。**着重从文化建设、战略管理能力、创新能力、市场营销能力、人力资源管理、知识管理等六个方面提升企业核心竞争力。根据细分市场的需求，在开展"深度"的专项监理、提供以BIM技术应用为核心的新型信息化监理、提供多种方式的专项咨询以及提供既有建筑改造工程监理等方面推进工程监理企业的专业化发展。在向项目管理企业转型、向集成型企业转型以及开展EPC管理业务等方面推进工程监理企业的转型发展。

（5）加强诚信体系建设，健全工程监理监管体系。 加强诚信体系建设，需要着重解决工程监理单位和监理从业人员信用信息平台的建立和完善、信用评价体系及信用评价结果的应用等问题。近期内，需要政府主管部门发挥主导作用，随着市场经济体制的逐步完善，社会评价机构及行业协会将会发挥越来越重要的作用。健全工程监理监管体系，需要处理好政府监管和社会监督的关系，在创新政府监管方式的同时，应逐步建立和完善工程担保和保险制度，发挥市场在资源配置过程中的决定性作用。

（6）发挥行业协会作用，推进工程监理行业健康发展。 行业协会是政府部门的参谋和助手，同时又是政府部门与工程监理企业、监理工程师之间沟通的桥梁和纽带。在政府职能转变、市场将在社会资源配置中起决定作用的大背景下，行业协会必须充分发挥作用，承担起引领工程监理行业健康发展的历史责任。具体包括：①加强行业调查和理论研究，为政府部门制定法规政策、行业发展规划及标准当好参谋和助手；②倾听企业呼声，及时向政府管理部门反映行业诉求；③健全行业自律机制，为推动建筑市场诚信体系建设发挥作用；④加强行业协调管理，促进工程监理人员整体素质提高；⑤搭建交流平台，为工程监理企业、注册监理工程师提供优质服务。